U0178886

电视照明

（第三版）

◎ 李兴国　田敬改　李 伟 著

中国广播影视出版社

序

　　1997年出版的这本广播电影电视部统编教材《电视照明》，已有20多年时间了。其间我一直忙碌在中国传媒大学教学第一线，讲授《电视照明》和《摄影构图》等课程，这本教材也一直作为中国传媒大学本科教学和研究生教学的教材，同时感谢全国其他传媒、影视类院校也选择了这本教材。其间虽然修订了两次，但设计范围和内容有限，不能满足师生们的要求，不能更新更多的内容，内心很愧疚。

　　目前，高新技术、数字技术进入电视照明技术与艺术创作领域，在照明技术与照明艺术的互动结合中改变了传统照明制作与创作的流程、理念，改变了媒体工作者的专业分工，甚至改变了电视传统审美方式和追求。但电视照明（或影视照明）的基础理论和基本技巧没有改变，所形成的电视照明艺术体系结构和特征没有改变。

　　为了保证修订质量和内容的新颖、时效、与业界同步，我们特别邀请了河北传媒学院影视艺术学院从事影视教学、特别是从事影视照明教学的教师团队参与了这次修订。修订前我们对这本《电视照明》教材进行了研讨、论证，保留了原教材的基本章节、基本体例和基本内容，对原教材涉及的第二章：光的基本概念、第三章：色温与色彩、第四章：色彩学的基本原理、第六章：电视照明与画面造型、第八章：内景人工光线照明、第九章：演播室照明、第十章：电视照明工作者的素养构成进行了修订，新增加了第十一章：电视照明用电基本常识。

　　基本修订内容说明如下：

　　第一，在原来两位教材作者李兴国、田敬改基础上，新增加了河北传媒学院影视艺术学院影视摄影与摄制专业负责人李伟；李兴国和田敬改负责整个教材的基础理论建构与更新，把握和保持《电视照明》原有的风格、体例。李伟负责更新全书的部分案例，调整把握全书的内容编辑编排，使新修订的章节与原有章节契合、搭配、衔接。

第二，具体修订部分和新增内容分工说明：

1. 李伟老师修订了第一章第四节，新撰写了第八章第二节全部内容；

2. 徐宁老师修订了第二章第二节、第三节、第四节，新撰写了第三章第四节全部内容；

3. 伊苒溪老师修订第四章第一节（加入色环图），第二节新撰写了影片举例和分析、图例全部内容；

4. 徐美梁老师修订了第六章第一节并加入新图例，新撰写了第二节和第三节全部内容，新撰写了第九章第四节全部内容；

5. 宋秉霖老师新撰写了第十章第二节内容，新编辑撰写了第十一章全部内容。

6. 高贺胜老师新撰写了第十章第三节全部内容。

这次参与修订的六位老师，多年在大学从事照明和摄影摄像课程的授课，有丰富的理论积累，有丰富的影视实践和创作积累，有丰富的授课经验积累，为这次教材修订奠定了基础，作出了贡献，由衷地感谢他们。

这次修订，还是坚持和贴近理论与实际相结合的原则，注重培养学生分析问题和解决问题的能力，注重让学生打下坚实的理论基础，注重素质培养和素质教育，注重创新能力与实践能力的培养。在不改变原教材体例、结构、风格的基础上，更新了以上内容，让这本教材的知识体系更完善，更有时代感，理论与实践结合得更加紧密。

《电视照明》这本教材出版和用于教学，经历了中国电影电视鼎盛和影视教育快速发展的黄金时期，现在又正值影视媒体与新媒体融合，进入了一个视觉文化传播的新时代，视觉传达和视觉表达已经是这个时代的一个显著标志。视觉，已经是当今接受信息、信息交流、视觉文化传播的不二通道了。在电影、电视剧、纪录片、专题片，静态图片、视频（微电影、微视频、短片）视觉艺术创作中，更是跟光线语言的直接参与分不开的，它已经是剧情、主题、内容、意境、气氛等表达和美学追求的一部分了。所以，照明基础理论与创作内容，就成为大学影视艺术人才培养课程体系中不可或缺的内容之一了。

《电视照明》教材修订组

2020 年 2 月 20 日北京

目　　录

第一章　电视照明是一门艺术

★ **本章内容提要** ★

电视照明的目的与任务是完成画面造型，即化画面的平面结构为视觉上的立体结构，表达深远的空间感、纵深感，描绘物体的立体形状，表达物体的表面结构及质感。

电视照明有其自身的特点，它需在一定的时限内完成照明的设计与布光；需在不同的场景中完成各种环境的交代、气氛的展现和人物的塑造；布光中讲究追求自然光线效果；利用光线的外在形式的作用，体现照明工作者对剧情、主题、情节、思想的理解。

光线是一切艺术在不同程度上所触及、研究、探索、表现的对象。文学艺术描写日月星辰、阴晴雨雪，使读者从文学家"描日绘月之妙"中，领略诸如"光风霁月之美"，感受自然与生活的变幻莫测、扑朔迷离；绘画艺术靠光的描绘，再现色彩的光怪陆离、影调的浓淡变化；雕塑艺术靠光的作用，刻画雕像的肌肤纹理、外形特征，使观者仿佛能感觉到人体肤表的温暖，"好像生命本身一样"，这就是著名的法国雕塑家罗丹端着灯让葛赛尔[①]在雕刻室内看梅迪奇的维纳斯像的"奥秘"所在。[②] 在当今社会，光与艺术更有着"鱼水之情"。

对于电视艺术来讲，光线是它的灵魂，光线直接参与了电视初创阶段的文学构思、画面设想、光线设计和主创阶段的形象造型、环境再现、气氛烘托等艺术创作的全部过程。在众多艺术之中，电视和电影是借助于光的作用与手段实现艺术形象塑造的典型。光线成了它们赖以生存与发展的媒介、条件和重要工具。

---

① 《罗丹艺术论》的笔记者，当时的文艺批评家。
② 罗丹口述，葛赛尔记，沈琪译：《罗丹艺术论》，人民美术出版社，1978，第29页。

第一节　电视照明的意义

电视，应用现代电子技术对不同景物的影像进行光电转换，然后把转换的电信号传送出去；电视机接收到电信号后，经过技术处理，还原为人们每天看到的电视屏幕形象。整个环节中，光起着重要的作用。电视节目制作者使用摄像机（或摄影机），把景物的影像记录在磁带上（或胶片上），完成前期的"光电转换"程序，然后把光信号转换成电信号，经过特殊的技术处理送到千家万户。可见，无论出于技术要求还是艺术需要，光都是电视及视觉艺术之"源"。没有光的作用，电视将失去其存在的可能。

电视艺术是靠画面语言为主要表现手段，来叙述事件和故事、刻画人物性格和心理活动、传达作者主观情感的一门综合性艺术。画面中事件的表述、形象的塑造、性格的刻画、心理的展示，是基于光线描绘之上的。没有光线，要将文学剧本的形象思维转换成屏幕形象的直观感受，是根本做不到的。

电视艺术同电影艺术一样，是依据光线来"作画"的，光是影视艺术的灵魂。不断地研究探索光线，是使影视艺术不断进步与发展的关键，也是提高影片或节目制作质量的一个重要环节。对于电视工作者来讲，了解、熟悉和认识光，就等于画家和雕塑家要了解、熟悉和认识手中的笔和刀一样，这是一个最起码的要求。在我们国家，随着改革开放，近十几年来电视制作业有了迅速发展，给人们的文化生活带来了多彩的变化。但也产生了一些有待于考虑和解决的问题。有人说"电视艺术在光的艺术运用上，还是一片尚未开垦的处女地"，虽"言过其实"，但也说明对电视照明到了必须加以认真对待和考虑的时候了。这是电视创作的需要，是观众现代审美情趣、欣赏水平不断提高的需要，也是电视自身变革、增加竞争力的需要。不重视这个问题，势必影响整个电视制作业的发展，影响整个电视制作水平与制作质量的提高。这是一个不容忽视且亟待解决的课题。

第二节　电视照明的任务

电视照明是完成电视制作技术，继而实现画面艺术造型的一种重要手段。明确它的任务，在实践和创作中统一认识很有必要。在电视节目制作中，电视照明肩负着如下任务。

一、在前期摄录技术上满足其对照度的基本要求

光是获得画面影像的先决条件，是使摄像管取得准确信号的基础。电视是一门新兴并得到迅速发展的艺术，虽然同电影的制作形式相仿，但它具有自己的特点。电视是借助光的作用，利用磁性物质（磁带）记录影像，并应用电子技术对静止或活动的景物的影像进行光电转换，把电信号传送出去；接收机接收到相应的电信号后，再现影像。这一系列的技术过程，离开了光将无法完成，这是这门艺术区别于其他艺术的一个显著特征。在前期拍摄的技术处理上，不但要求满足其对照度的要求，要有画面层次与密度之外，还要求不同镜头中及镜头间光度、影调和色彩要保持一致，密度要接近，亮度要统一，镜头间要连贯。在录制技术上，这些都要依靠照明来实现。

二、用光线完成画面的艺术造型

画面艺术造型，主要体现在画平面上突破二维空间（仅有长度和宽度）的限制，塑造真实的三维空间（长度、宽度和高度）。也就是说，要化画面的平面结构为视觉上的立体结构，表达深远的空间感、纵深感，描绘物体的立体形状，表达物体的表面结构及质感。这是电视照明所担负的一个主要任务。如果只要求电视照明满足技术上的一些要求，而忽视其艺术上的作用，实际上是抹杀了电视照明的意义和本质。

三、突出强调主要场景和主要人物

电视照明的主要对象是拍摄之中的场景与人物。场景与人物中有过渡场景、重点场景和陪衬人物、主体人物，照明要"倚重就轻"，着重刻画、描绘主要场景和主要人物，避免非主要对象和杂乱线条分散观众的注意力。"光线的照射可以脱离开被表现的物体本身，自由地加以操纵"。[①] 当然这种"自由地加以操纵"不能超脱主题和客观形象。如暗色的环境与背景中，光线要着力刻画、描绘明亮部分（主体本身及所在位置）；亮色的环境与背景中，要着力刻画、描绘暗的部分。

四、再现环境气氛与强调时间概念

真实而浓郁的环境气氛，能够烘托人物，传达生活气息。同时，环境气氛能够呼应观众心理和表达画面人物的性格、职业、爱好。"人脸的表情不仅流露

---

① 鲁道夫·阿恩海姆：《艺术与视知觉》，滕守尧译，中国社会科学出版社，1984，第446页。

在脸上，而且还在家具、树木或云彩的形象里反映出来。一片风景或一间屋子的情调能在观众意识里替以此为背景的戏准备心理条件。"① 环境气氛的表现和特定光线照明效果的运用，还可给观众强烈的时间概念。例如在一个场景内，可再现不同时间的（早晨、中午、傍晚或月夜等）光线效果，根据剧情发展，可利用人工光线照明模拟和再观其特定光线的时间变化，以此增加画面视觉语言的说服力。

五、戏剧表现的需要

主要指剧本要求的、拍摄现场内所提供的环境和人物的渲染、刻画、表现。不同剧情、不同场景、不同人物、不同情绪特征，要采用不同的照明方式与方法。在充分体现内容的基础上，力求用光线语言揭示事物的本质，塑造人物形象并揭示人物丰富的内心世界，帮助人物（演员）进行表述（表演），使光线与表演相辅相成，起到互补作用，使完美的照明形式与剧情（内容）趋于和谐统一。

六、视觉语言修辞的需要

电视画面构图讲究章法、秩序、突出主要场景和主要对象。照明在这种创作中能够发挥优势，利用光影、明暗和色调的配置，以及照明范围的大与小、入射角度的高与低、照度的强与弱等，来增加画面的形式表现力，并在造型上起着揭示、隐蔽、突出、夸张、修饰和弥补的作用。有时还可平衡画面构图或破坏这种平衡构图。利用照明还可展示画面的内象空间（封闭式构图）或造成外象空间（开放式构图）。光线语言具有较强的哲理性，它的形式的组合能够摄人心魄。它作用于人的感观，却渗透于人的心灵。

第三节　电视照明的基本特点

电视照明是一门艺术并且有自己的特点。这已被社会和电视节目制作者们所承认。电视照明艺术不是简单地供给摄像机以光亮，不是简单地满足制作技术的照度要求，不是简单地反映镜头视角之内的影像外形，不是简单地临摹自然与生活，而是利用光线参与艺术的创作，用光线描绘和塑造镜头前的形象，这是电视照明的根本任务。随着电视事业的发展和电视形态的演变，观众对电视艺术的欣赏水平和审美要求也越来越高，人们（包括电视制作者本人）对电

---

① 贝拉·巴拉兹：《电影美学》，何力译，中国电影出版社，1982，第80页。

视美学的观念、光的观念也在发生深刻的变化。人们已不满足于电视艺术作品只能简单讲述故事、交代情节，而是日趋注重和追求真实与自然的光线效果。在电视以惊人的速度向前发展的今天，电视照明除了学习和借鉴电影照明的方式手法，博采其他艺术之长而外，应根据自己这门艺术的特点，在实践中不断总结电视照明艺术上的成功与教训，发挥所长，弥补所短，这样才能使电视照明艺术有长久的生命力。

电视照明的特点体现在以下几个方面。

一、电视照明具有时限性

照明的时限性，指在一定的时限内完成照明的设计、布光等。

一部电视剧、一部电视片、一个栏目节目等制作周期很短，有很强的时间限制，相比来讲不能像电影那样，可以有充裕的时间去"精雕细琢"。电视节目要把整个制作时间压缩在一个较短的时间内，如一部单本现代内容的电视剧，前期拍摄一般只为十几天或几十天。这样给电视照明及电视照明人员提出了更高的标准，更严的要求，要在有限的时间内，完成具体的照明光线设计，实施具体的布光计划，不能因时间短而降低其照明要求与质量。这就需要有一支既有理论又有实践的精明强干的照明队伍，去完成富有"时效"特征的工作，以它的创作上的高质量、完美的形象塑造，完成照明的艺术创作。

二、电视照明具有可塑性

照明的可塑性，指在不同的场景中完成各种环境的交代、气氛的展现和人物的塑造。

电视节目的制作形式日趋追求自然与真实，接近于生活。实际拍摄中的大部分场景的选择与使用，远比电影复杂和多变，它常以生活的真实环境为表现、塑造的对象（有时是故事或事件的真实现场）。这些真实的环境，虽然对艺术创作有其利的一面，但也有其不利的一面，不像摄影棚或演播室那样符合电视照明的"要求"。如场景的选择变化性较大，随着剧情发展，场景大部分是不固定的，有的场景面积的大与小、空间的高与低、环境的宽与窄、气氛的浓与淡等会出现许多复杂情况。照明工作者要针对这些实际问题而进行艺术创作，要对不同场景、不同环境、不同气氛进行表现塑造，以适应电视制作上的这一特点。就是说，电视照明要具有可塑性。可塑性是对照明工作者阅历、知识、艺术积累和审美素质的较大检验。

三、电视照明具有纪实性

照明的纪实性，指电视照明追求自然光线效果。

电视节目的制作形式及其表现方法越趋于自然和真实，就越为电视观众所"喜闻乐见"。电视照明的纪实性特点吻合了电视观众的观赏心理和审美心理。电视节目不像电影、戏剧及舞台艺术那样要在影院和剧院观看，它是供给人们在家庭这样一个特殊的环境中观看的，不存在某种客观强制性，而有某种主观的自发因素和自便性。所以，单从电视照明而言，纪实性是吸引观众并使电视节目贴近生活与自然的一个重要环节。同时，纪实性也是当代电视照明及用光的一种新观念和未来发展的一种趋势。电视照明的纪实性特点，并不是片面要求照明完全利用拍摄现场的固有自然光和现场光，而不加任何人工光（这样有时不符合电视制作的实际特点，不能满足摄录技术上的用光要求），有时可在使用自然光和现场光的基础上，利用人工光来模拟和加强其照明的真实效果，只是在运用中应尽量少留下或不留下过重的人工痕迹。这种照明的纪实性特点，避免了在照明中经常看到的那种虚假、造作的照明效果。如电视剧《希波克拉底誓言》《黑槐树》《士兵突击》在用光中，常采用人工光线的散射光照明，少用或不用强光照明，尽量避免人物及物体生硬而失真的投影，讲究光线的真实性和依据，追求朴实与自然。在电视照明艺术中，纪实性的光线效果，一般较有用光哲理，为画面中的演员表演提供了一个真实的生活氛围，少出现或不出现没有光线哲理与依据的"理论光源"或"假定性光源"。

四、电视照明具有体现性

照明的体现性，指对剧情、主题、情节、思想的外在形式的体现。

电视艺术是靠画面形象语言为主要表现手段来反映剧情，传达编剧、导演、摄像、美工、照明等主观意识的一门综合性艺术。照明利用其特有的工具与方式，描绘体现镜头前种种活动形象的外在形式和内在情感，给观众以视觉感受。照明体现的是不同物体的不同外在结构形式，常给观众以不同的印象，通过这些实实在在的"有形"形象的外部造型，最终体现其内在的本质。电视艺术的一些特征，常常要依附于照明来体现，如同画家在作画前，画布或画纸只是一片空白，通过笔和颜料才能绘制出可见形象。通过照明的有效处理，才能在电视画面上显现出活生生的、来源于生活的、可信的形象。

第四节　电视照明与电影照明的异同

电影的发展已有百年历史了，而电视在我国只有 50 多年历史。电影已形成了自己完整的体系，无论是电影理论，还是其表现方法，这些都给年轻的电视艺术以许多可供借鉴的东西。如今，电视已成长为一门独立的艺术，需要我们电视工作者在借鉴其他艺术长处的同时，认真地总结一下这门艺术的某些特点以及同其他艺术的不同与区别，以便于电视的进一步成长与发展。属于电视艺术范畴的电视照明艺术亦应如此。

在近几年中，电视照明艺术成长很快，但这门艺术在其理论、特点、风格、形式等方面需要进一步加以总结、探讨、完善。曾有人说，电视照明是电影照明的一个"分支"。我们认为，虽然电视照明的许多表现方法是从电影借鉴而来的，甚至有些表现方法相同或相近，但多年的实践与发展已经形成了自己的许多与电影照明不同的特点。正是这些特点促其发展并成为一门艺术。我们有必要就电视照明与电影照明的异同进行一个基本的、简单的对比与分析。

一、不同的摄录机型对亮度比和光比要求存在差异

电视摄像机、胶片电影摄影机与数字电影摄影机（目前电影创作的主流已是以数字电影摄影机为主），形成了影视艺术使用材料上的不同。那么，材料的不同，对宽容度、亮度比的要求也就不一样。如 CRT 电视（显像管式）最大亮度比只能达到 30∶1，这就把电视照明的光比控制限定在了 2∶1 或不超过 3∶1 的范围之内。由此，局限了最佳画面影调效果的获得和正常的被摄体表面暗、亮部层次的展现。而电影的胶片宽容度则明显地大于电视摄像机，电影图像亮度比可达 100∶1，电影照明的光比控制可达 7∶1。由于电视和电影亮度比、光比要求的不同，在照明中量光、测光、布光也就有着区别和不同了。

二、跨界型摄影机的出现模糊了电影照明和电视照明的区别

近年来，数字电视摄像机和数字电影摄影机的界限逐渐模糊，相比传统影视制作领域使用的广播级摄像机，新一代传感器更容易拍出小景深、主体突出的画面；大尺寸传感器可采集的光线大大增多，在暗弱环境下即便提高感光度，对灯光的要求在不减少数量的情况下，可以降低灯光功率，提高效率，降低成本；这些摄影机均采用先进的数字处理芯片和大画幅影像传感器，能达到 12～14 挡的宽容度，高光和暗部细节可以得到完美的再现，丰富的层次和画面的细节呈现十分有利于提升视觉冲击力，加上目前新型液晶电视机支持 HDR 显示模式（高动态范围显示模式），可以使观者获得更多的临场感美学表现。

三、Log 记录模式极大地提升了影像的动态范围

Log 原本是用于电影胶片数字化的技术，该技术向一般用户开放，具有非常深远的意义。这是一种可用于数字拍摄并尽可能多地记录下大尺寸传感器所捕捉到的信息的伽玛曲线。与过去拍摄完成只需剪辑即可播出的制作流程相比，

使用 Log 摄影可以获得色域更宽广、动态范围更大以及层次更丰富的影像作品。使用 Log 模式拍摄所捕捉到的层次非常丰富，可以大大提高画面的宽容度，带来前所未有的视觉效果。传统的电视摄像机可以保留 7~9 级的层次，如果使用 Log 模式的话，则可以记录下 12~15 级的层次。由此在拍摄中可以更好地把控曝光，例如室外拍摄逆光或光线较强时，Log 摄影可以将以往很难记录下的云层和天空的细节得到保留，甚至可以将主体的受光面和阴影面都能表现出来，使画面效果更加符合人眼视觉的感受与观察。

四、多机位和单机拍摄对布光照明的不同要求

电视演播室大型文艺类性节目，一般性栏目，剧场、场馆类晚会实况转播或实况录像，电视剧中的"室内剧"照明，其照明方式和方法与电影是截然不同的。如多台摄像机要在不同角度上同时拍摄，其电视照明的布光设计"是为不同镜头的连续摄制而安排的""照明是对任何角度都能适应的"。也可以说，照明设计应考虑到摄像机在任意一个角度上拍摄被摄体时，都能基本适用。以上特点，难免会给照明的质量带来某种不利的影响，电视照明的布光设计不可能一一照顾到摄像机的每一个角度，"原因是照明的位置是由前一个镜头的摄像机位置决定的。所以对于电视来说，你不得不为所有的镜头提供照明，这就是说，不可避免地必须要有妥协"。[①]

五、多种体裁与单一体裁照明的不同

电视照明包括电视剧照明、演播室（馆）照明、电视纪录片（专题片）照明、电视栏目照明等，与较单一的电影照明有很大的区别。电视照明始终同电视台的某些时效、纪实等风格联系在一起，尤其是新闻片和新闻专题片照明。电视艺术类型片子对照明方式的要求与电影的差别也较大。这样，电视照明的灯光配备与电影照明就有很大区别，如实况多机位拍摄，需用大量的灯光，灯具要求灵活性强，发光强度高，体积小。可以说，电视照明对灯具有多种要求，应适用于电视范畴内的各种体裁照明，同时对电视照明人员的能力也有较高要求。

六、实景照明与棚内照明的不同

在每年各电视台和电视剧制作系统制作播出的几千部（集）电视剧中，利用实景进行拍摄与照明的片子所占比例相当大。实景照明投资小，光效自然而

---

① 阿·阿瑟·英格兰德、保罗·佩佐尔德：《电视影片的摄制》，张园译，中国电影出版社，1987，第 132、134 页。

真实，制作周期短。另外，观众对电视节目制作真实性的要求很高，这同电视这门艺术所拥有的观众、观看时的场地环境、主题内容与实际生活的联系程度等特点有密切关系。当然实景照明的弊端也显而易见。在经济条件容许的条件下，电视照明及其电视节目的生产也逐渐向演播室或摄影棚内靠拢。电影的摄影棚内照明环境与条件明显优于电视的实景照明，如棚内场景的空间、高度、美工制景时为照明而留下的"灯位"（供照明人员使用的照明空间）、色温与色彩的统一等方面，这对电视实景照明来说，确是难以比拟的。

七、素养和适应性的要求不同

电视照明人员应该是多面手，在电视台专职从事某一体裁照明的人并不多，大部分是"可塑"型的。对他们来讲，要适应各种各样的环境照明，更多情况下是人去"创造"、适应环境，而不是环境去"适应"人。在实际照明工作中，不但要熟练掌握电视艺术类型节目的照明，还应熟练掌握纪录片（专题片）照明和新闻类型的节目照明。在大场面上，应具有"调度"众多灯具的能力；在新闻片、专题片等小场面上，要做到一灯多用，尽量保证照明效果，以满足纪实性与时效性的要求。电影照明一般不受条件和环境等因素所限，将更多精力用在影片的造型创作上面，追求影片的制作风格、个性和较高的画面质量。

第五节　电视照明部门的工作地位与工作关系

电视艺术是在现代科学技术高度发展的基础上产生的一种特殊的综合性艺术，必须经过集体创作才能实现。单以电视剧为例，它要求一个有编剧、导演、演员、摄像、美工、照明、音乐、录音、剪辑等各个职能部门的创作者共同参与的创作协同体，在文学及分镜头剧本和导演总体构思的统一下，发挥各个职能部门的独创性和创造性，相互合作、相互配合、相互依托、相互弥补、相互促进，共同完成剧情及形象的塑造。它们是整个艺术创作的一个有机整体。

电视照明部门同其他电视主要创作部门在艺术创作中有什么关系呢？

一、照明与导演

照明是在导演统一创作构思下，完成画面造型的一个部门。它主要借助光线进行艺术创作，同导演是实施和体现的关系。照明对导演提供的形象进行再创造，力求准确而富有创建性地描绘、塑造、刻画形象。在一部剧的拍摄前夕，导演要向摄制组各部门及成员阐述创作意图、构思、设想，同时对各个部门提出创作设想、希望和要求。根据剧情的需要，导演对照明部门有直接或间接的要求。直接的要求，指导演在导演阐述中要求或希望照明部门通过照明的造型处理，使整部片子形成什么样的照明风格，达到什么样的照明基调，造成什么样的气氛与节奏，重点描绘塑造哪个场景、人物。对重点场景进行什么样的照明手段的处理等；间接的要求，指导演对摄像及其画面的创作要求，需要照明部门在导演的要求下，利用其特有的照明手段进行创作与处理。

二、照明与摄像

照明与摄像应是互相协同的关系，如同画家手中的笔与颜料的关系一样。对电视艺术来讲，照明不能脱离开画面而独立存在，画面同样要靠照明来实施其表现手段。可以说，照明是摄像师的重要语言，没有光，不但不能完成摄录技术上的任务，更谈不上画面的造型。正像人们讲的那样，离开光，"摄像机就是一支没有墨和色彩的笔"。对电视照明人员来讲，应借助光线的照明手段，努力完成画面形象的再现与塑造，以其最好的照明手段、可行的用光方案，形成光线的"语言"对形象进行再创造、再认识。照明人员要了解和熟悉摄像画面创作规律以及画面构成的基本知识，如画面的构图技法、角度的选择处理、画面的艺术造型、景别的变换功能、镜头的内外运动等内容，这是十分必要的，它有助于照明的准确性、可行性、统一性和画面的整体和谐。摄像和照明是一个有机协作体，不能截然分开，他们是摄制组的两个支点，是创造画面形象、形成画面语言修辞、展示画面审美特色的重要组成部分。

三、照明与美工

照明与美工同属影视艺术的一种表现手段。两者虽然工作方式不同，使用的工具不同，但在艺术创作中，最终的目标是一致的，它们是相互影响、相互协同的关系。美工也称美术，有它独特的工作性质。美工的场景设计和化妆、服装、道具的造型，最终要通过光线来展示和描绘。美工以形、光、色等为造型手段，在创作中，直接地同光线发生联系，通过光线的合理描绘，达到光真、形实、色准。美工在整体设计之中，围绕着主题，为创作集体中的各个部门提供可供参考和实施的蓝图，为整个片子的创作奠定一个基础。同时，美工的场景设计也为照明提供可以利用的实地空间。在这个基础上，照明对现有的场景（实景或人工布景），如演员的服饰特点、化妆粉饰的浓淡、环境道具的安排，根据自己的特点和艺术造型的整体设想、剧情与时间的要求以及景地的可容性范围，进行描绘、刻画、弥补、渲染、突出和艺术的再创造。通过美工与照明的合作，达到多场景、多景别、多镜头的色彩和谐、对比与统一，从而通过画面反映片子的时代特征、时间观念和作品风格。

照明同其他未一一表述的创作部门的关系同样十分密切，有着千丝万缕的联系。在这个艺术创作的协同体中，如果没有各个部门的协调合作，导演的构思再成熟、摄像的画面再讲究、美工的色彩再和谐、照明的光线再真实，也很难形成集体创作的风格，难免会出现割裂现象。所以，在创作实践中，应注意理顺各部门的关系，既充分发挥各个部门的独创性，又要讲求合作。在整体创作的这盘棋中，每个棋子都关系整盘棋的成功与失败，关系一部电视片制作质量的高低。

★ 本章思考与练习题 ★

  1. 为什么说电视照明是一门艺术？

  2. 电视照明的主要任务是什么？

  3. 电视照明的特点是什么？

  4. 电视与电影照明的主要区别是什么？

  5. 如何摆正照明与导演、摄像和美工的关系？

第二章　光的基本概念

★ 本章内容提要 ★

从物理学角度解释光的现象。

光具有微粒性，又具有波动性。光由具备一定质量、能量和动量的光子所组成，是无数带有能量的量子进行的波浪式运动。

光的反射与透射规律。

光的折射和光的反射一样，也有一定的规律，这种规律就是光的折射定律。

第一节　什么是光

在通常情况下，我们之所以能看到物体，是因为光线照亮了它们。如果在伸手不见五指的夜晚，或在一间漆黑的屋子里，即使你有超人的视力，也难以看到物体。

那么什么是光呢？对光的解释众说纷纭。物理学中有两种说法。

粒子说：有的古典物理学科学家提出，光是粒子的学说，认为光是由粒子构成的，并由此解释了一些光的现象。有的则认为，光是由弹性粒子组成的粒子流，称这种粒子为光子。光在介质中的运动是高速度的，以直线形式行进。光从一种介质进入另一种介质时，产生折射、透射和反射现象。当光遇到非透明物体时会被阻挡，形成受光面、背光面或阴影。

电磁波说：科学家提出光的传播是粒子振动的学说。认为光是粒子波动，是以球面波的形式传播的，从而解释了光的衍射和绕射现象。

光子振动学说和电磁波学说非常相似，提出光是电磁波的一种，是电磁波谱中可见的部分，进而确定了现代物理学中的光的概念。粒子说和电磁波说，看来是互相矛盾的，但二者均能较好地解释光的现象。实际上，光是一种十分复杂的现象，有些被人们认识了，有些还正在被人们认识。根据现有的认识，光具有微粒性，又具有波动性，是波粒两象化的对立统一物，由具备一定质量、能量和动量的光子所组成，是无数带有能量的量子进行的波浪式运动。

第二节　什么是可见光

　　光是能的一种形式，是能引起人视觉的电磁波，占据电磁射线谱中的一小段。电磁射线谱中有无线电波、红外线、可见光线、紫外线、x 射线和 γ 射线。电磁波的波长的范围很宽，按照长度排列，最短的是 γ 射线，最长的是无线电波，人眼能看到的可见光的波长为 380~760 纳米（1 米 = 10^9 纳米）。

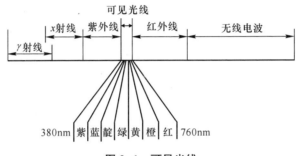

图 2-1　可见光线

　　人眼的视觉神经对各种不同波长光的感光灵敏度是不一样的。在明亮的光照条件下，人眼对 555 纳米的黄绿光最敏感，而离 555 纳米较远的红蓝光，人眼的灵敏度相对较弱。换句话说，人眼对能量相同的，而波长不同的光所感觉到的明亮程度不同。例如，一个红光和一个绿光，当他们的辐射通量相同时，人们会感觉到绿光比红光要亮得多。在昏暗的照明条件下，人眼对 507 纳米的光最敏感。另外，由于受生理和心理作用，不同的人对各种波长光的感光灵敏度也有差异。人眼对不同波长的光感觉到的强度不一样的现象叫作人眼的光谱光效率，在明亮的条件下叫明视觉光谱光效率，在昏暗的条件下叫暗视觉光谱光效率。

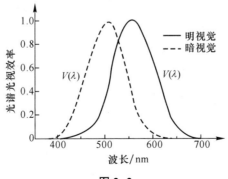

图 2-2

在电磁波系统中，有的能引起视觉感受，有的则不能；有的具有极大的穿透能力，有的则具有极大的增温能量。电磁波中可引起人的视觉感受的光，就是我们说的可见光。见图2-1。

我们眼睛所能看到的这个可见光谱是一个整体，即白光。从一个物理实验可知，太阳光通过棱镜后，会分解成各种颜色的光，在白屏上形成一条彩色的光带，叫作光谱。彩色光带的颜色从一端到另一端依次是：红、橙、黄、绿、蓝、靛、紫。如果把另一个棱镜反向放置在棱镜旁边，彩色光带将会重新聚成白光。这说明，白光不是单色的，而是由各种色的光混合而成的。见图2-2。

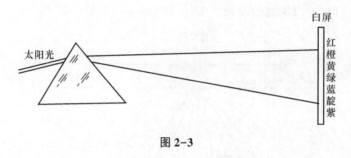

图 2-3

第三节　照度与亮度

一、光通量

光通量是指按照国际规定的标准人眼视觉特性评价的辐射通量的导出量，以符号 Φ（或 Φr）表示，光通量的单位是 lm（流明）。简单点说，光源在单位时间内发出的光量称为光源的光通量。光通量与辐射通量的关系为 $\Phi = K_m \int V(\lambda) \Phi_{e\lambda} d\lambda$，式中 K_m 为光谱光视效能的最大值，等于 683lm/W；$V(\lambda)$ 为国际照明委员会（CIE）规定的标准光谱光视效率函数；$\Phi_{e\lambda}$ 为辐射通量的光谱密集度。λ 为光谱光视效率。1lm 等于由一个具有 1cd（坎德拉）均匀的发光强度的点光源在 1sr（球面度）单位立体角内发射的光通量，即 1lm＝1cd·sr。一只 40W 的普通白炽灯的标称光通量为 360lm，40W 日光色荧光灯的标称光通量为 2100lm，而 400W 标准型高压钠灯的光通量可达 48000lm。

二、光强

光强是发光强度的简称。表示光源在单位立体角内光通量的多少。发光强度是指光源在指定方向上的单位立体角内发出的光通量，也就是说光源向空间某一方向辐射的光通密度。符号用 I 表示，国际单位是 candela（坎德拉）简写 cd。计算公式为：

$$I = \frac{\mathrm{d}\Phi}{\mathrm{d}\Omega}$$

dΦ 表示光通量，单位为流明（lm）；dΩ 表示立体角，单位为球面度（sr）。1cd＝1lm/sr。

光强代表了光源在不同方向上的辐射能力。通俗地说发光强度就是光源所发出的光的强弱程度。

三、照度

要有一定的亮度才能看清楚物体或把物体清楚地拍摄下来。物体的亮度由两个因素决定：照明光的强弱和它反射光线的能力。

照度表示被照明物体表面在单位面积上所接受的光通量，即某物表面被照亮的程度。单位是勒克斯（lux），用符号 E 表示。其公式为：

$$E = \mathrm{d}\Phi / S$$

dΦ 表示光通量，单位为流明（lm）；S 表示被照面积，单位为平方米（m^2）。也有用英尺烛光（ftc）做单位的，即每平方英尺内所接收的光通量为 1 流明时的照度，1 英尺烛光＝10.76lux。

射到物体上的光线强度，大体上取决于光源的功率和设计及与物体的距离。它们之间的规律如下：

1. 照度大小与光源发光强度成正比，在距离不变时，光源越强照度越大。
2. 物体表面照度大小与光线投射方向有关，越垂直强度越大。
3. 在点状光源条件下，物体表面照度的大小与光源距离的平方成反比，即依平方反比定律。

以下是各种环境照度值：（单位 lux）

场所/环境	光照度
晴天	30000~130000lux
晴天室内	100~1000lux
阴天	3000~10000lux
阴天室外	50~500lux
阴天室内	5~50lux
日出日落	300lux

场所/环境	光照度
黑夜	0.001~0.02lux
月夜	0.02~0.3lux
夜间路灯	0.1lux
室内日光灯	100lux
电视台演播室	1000lux
阅读书刊时所需的照度	50~60lux

灯具类型	色温	2m 距离照度	4m 距离照度	6m 距离照度	8m 距离照度
1000W 传统聚光灯	2770k	3300lux	1200lux	620lux	430lux
2000W 传统聚光灯	2900k	7300lux	2500lux	1100lux	610lux
100W LED 聚光灯（单色白光）	3050k	3600lux	1220lux	700lux	410lux
200W LED 聚光灯（单色白光）	3050k	5900lux	1800lux	880lux	520lux
450W LED 聚光灯（三色混白光）	6500k			1600lux	840lux

　　显然，把光源移远一些，射在物体上的光线就弱一些；把光源放近一些，光线就强一些。根据平方反比定律，如果把灯放远 2 倍距离，则光强度只有原来的 1/4；如果将灯移远 3 倍距离，则照明弱 9 倍。反之，如果将灯移近到一半距离，则光比原来亮 4 倍。因距离而引起光强度的变化比想象的要大。

　　这个定律说的是点光源，但虽然一般的灯光和闪光灯不是点光状的，这个定律对它们还是相当适用的，不过这个定律不适用于聚焦的光源，如聚光灯和幻灯机，因这些光源发出的光近乎平行光束，距离变大时，光线强度降低得很少。

四、亮度

　　亮度表示物体表面发光的强度值。不论这一表面是自己发光（如灯丝），还是反射光线，或是透射光线，只要从它表面上"发出"光来，我们就可以称它是发光的表面。在单位面积中的发光强度即是该物体表面的亮度。

　　亮度与发光面的方向有关，同一发光面，在不同方向上亮度值是不同的。所谓亮度是按垂直于视线的方向计量的，在垂直于视线的方向上，发光面在单位面积中发光的强度叫亮度。亮度单位是坎每平方米［曾称尼特（nt）］。

第四节　反射与透射

一、光的反射

我们周围的物体被光线照射后，物体比较暗的表面吸收的光线多于比较明亮的表面吸收的光线。有些抛光的表面能发出很亮的镜面反射。所有的物体因光线照射的方式不同而显出各自的差别。投射到任何物体表面上的光线，一部分被物体吸收转化成热能，一部分被物体透射形成透射光，一部分被物体表面反射回空间形成反射光。见图2-4。

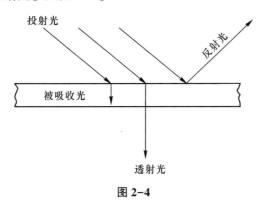

图 2-4

投射光等于被吸收光、透射光和反射光之和。物体对光的吸收、透射和反射的性能与物体透明度、光线投射角度以及物体本身的结构有关。

由于不同的物质表面反光率不相同，在同一照度下就会出现不同的亮度。下面探讨一下表面反射的各种情况。

光学基本定律指出：物体表面对光的反射遵守入射角等于反射角的规律。见图2-5，N 为法线方向，$\angle i = \angle r$。

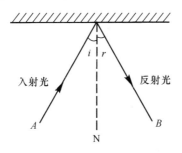

图 2-5　光的反射

光线能从平整光滑的表面如一面镜子、抛光的金属、平静的水面等准确地反射。当光线垂直射向这个表面时，会直接地反射出去。如果光线以其他角度投向这个表面，就会从法线的另一侧以相同的角度反射出去，即反射角总是等于入射角。

由于物质表面结构的不同，物质对光的反射性质也不同。物质对光的反射形态基本上有三种：即镜面反射、漫反射及半漫反射。

（一）镜面反射

光滑的物体表面产生的反射光呈镜面反射的性质。

1. 只有在反射角 A 点位置上，可以在物体表面上看到光源的影像，其亮度接近于光源强度。在其他方位上（如 B 和 C 点上），物体表面呈无光状态。见图2-6。

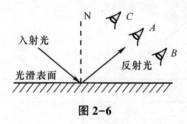

图 2-6

2. 反射光束与入射光束相同，不发生性质变化。比如，若入射光是平行光束，则反射光亦为平行光束，不发生形态变化。

（二）漫反射

如果物体表面不是光滑而是粗糙的、不规则的，那么，光线投射上去就不是以一定的角度反射，而是向各个方向散射。这种反射光就叫漫反射光。见图2-7。

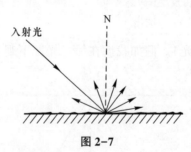

图 2-7

1. 一束平行光投射到物体粗糙的表面上时，产生的反射光方向发散，改变了原光束的性质。反射光向四面八方杂乱地辐射，没有方向性，是典型的漫反射状态。

2. 漫反射光的强度远小于入射光，而且在非反射角度的视点上看，物体表面都很亮。

3. 漫反射光的物体表面上看不见光源的影像。

（三）半漫反射

物体的表面介于光滑与粗糙之间，对光的反射也介于二者之间，呈半漫反射（即散射状态）性质。

1. 半漫反射光具有一定的方向性，见图2-8，在反射角方向，虽看不到光源的影像，但能看到较淡的亮斑。

2. 在非反射角的方位上，也可以看到物体表面的亮光。这种半漫反射的物体表面亮度，在光源条件不变的情况下，从不同方向上看是不相同的。

从光滑到粗糙的所有物体表面，大多数都是直接地反射一部分光线，同时散射其余光线。

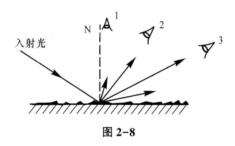

图 2-8

反射的这些特性在摄影用光上非常重要。当光线照射被摄体时，它们决定着被摄体的形状；在光线到达被摄体之前，它们指导我们控制光线的方法，比如适当地设计和安放灯具和其他反光器材，以达到预期的效果。

有色物体在不同的光源下，颜色是要改变的。这是由于构成各种光源的色光比例不同。物体之所以看起来有颜色，是因为当我们在普通的白光下面观看它们时，它们只反射白光中属于其自身颜色的那部分光谱，而吸收了补色部分（与反射光相加，即为白光）。假如我们在另一光源下观看这个物体，它外表的颜色就会改变。

（四）反射率（反射系数）

反射光亮度与入射光亮度之比定义为某物体的反射率。一般镜面物体反射率接近100%，白卡纸的反射率在90%左右，煤炭的反射率在4%左右。自然界中所有的漫反射系数的平均值大约是18%。鉴于18%反射率的灰是一个特殊的规定，所以反射率高于它的灰色被称为浅灰、亮灰，而反射率低于它的则被称为深灰、暗灰，而它则被称为中灰。

物质材料	反射率
银质研磨镜面	92%
纯漂白布	80%~85%
新降白雪	70%~74%
白　纸	60%~80%
白色墙面	60%
木　板	45%
灰色漆	20%~30%
嫩　叶	20%~25%
黄种人手背肤色	20%
水　泥	20%~30%
明亮绿叶	15%~20%
黑　漆	10%
暗绿叶	1%~10%
黑色纸	1%~2%
黑色天鹅绒	0.5%

我们应该区分反射率与亮度，反射率是物体本身具有的一个特性，中度灰总是18%的反射率，无论照明如何。然而一个物体的实际亮度值将随着照明的不同而有所不同，照明的强度和光源的方向都会影响一个物体的亮度。对一个给定的光源，前向的照明提供最亮的亮度值。

假定一个反射率是90%的白色立方体，从某一角度对它照射，会形成不同亮度的侧面。无论亮暗，每个面的反射率都是90%，但在我们人眼看来，阴影面比亮面明显暗很多。

二、光的透射

（一）透射光

光有穿透作用。当光波射到透明物体上时，一部分被反射出来，少量被物体吸收，大部分能穿过透明物体继续前进。这种现象叫光的透射。

当光线从一定密度的介质中斜向射入另一介质时，会改变方向。垂直射入的光线不会偏离原来的方向。离开垂直线的角度越大，光线的弯曲越大。这样的弯曲叫作折射，如果把一根细棍插入水里一半，就能够看见这个现象。在与垂直线形成的任何一个角度上，折射量因介质的密度不同而发生变化。

光的折射和光的反射一样，也有一定的规律，这种规律就是光的折射定律：

1. 入射光线、折射光线和通过入射点且垂直于两介质界面的法线都位于同一平面内，入射线和折射线分别在法线 N 两侧。如图 2-9 所示。

2. 入射角正弦和折射角正弦的比值等于光在两种介质中的传播速度之比。

这是因为在光的折射现象中，折射角的大小由两种因素决定：一是光的入射角的大小，二是两种介质的性质。

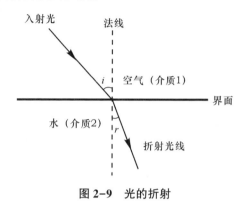

图 2-9　光的折射

（二）透射光对摄影有什么影响

光的透射，在摄影中起着很大的作用。被摄物体的反射光穿过摄影机镜头（是一组透镜）的镜片，聚焦在感光胶片上，就形成了影像。

光的透射还有两个规律：一是透明物体是有色体时，透射后的光线便带有这种物体的颜色；二是当光线透射过透明物体时，一部分光波被反射，少量被吸收，这样光线便受到了损失，所以透射的光比直接投射的光要弱许多。

光透射的这两种现象或规律，可以指导我们在摄影中对光线的强弱和色彩加以控制。如果想在摄影中突出某一物体，或减弱某一颜色时，选用适当的滤色镜就可以办到。滤色镜是摄影机上的一种加膜镜头。镜头加膜的目的是增强一部分光的透射。目前，摄影机的镜头上可加装不少有特殊效果的附加镜，它们都通过光的透射起作用。

★ 本章思考与练习题 ★

1. 人眼所能看到的可见光波长范围是多少？
2. 镜面反射、漫反射和半漫反射的规律是什么？
3. 光的折射定律是什么？

第三章　色温与色彩

★ 本章内容提要 ★

　　色温是表示光源的光谱成分的概念，是光线颜色的一种标志。

　　色温的准确定义。

　　较高的画面色彩质量，来自各种场合和各种光线条件下的色温平衡。

　　平衡各种不同光源色温的方法。

　　存在于自然界中的物体都有颜色。颜色是物体发射、反射或透射的光波通过视觉给人的印象。若白光照在不透明物体上，它将红色光反射，将其他颜色的光全部吸收，则它是红色的。物体发射和反射光谱成分的差异，与发光体和非发光体的性质有关。也就是说，发光体的发光性质决定着光谱成分，不同的发光体所发射的光谱成分不同。非发光体不发光却能反射和透射光，反射和透射光的能力因物体吸收光谱成分、照射光的光谱成分的不同而出现差异。物体本身发射或反射的光谱成分通常用色温表示。

第一节　色温的定义

　　什么叫色温？色温是表示光源的光谱成分的概念。也可以说，色温就是光线颜色的一种标志，而不是指光线的温度。

　　色温用绝对温标来表示，单位为 K。绝对温标与摄氏温标的关系是：K = −273℃；273K = 0℃。绝对温标与摄氏温标在数值上相差 273，将日常使用的摄氏温度加上 273 即可得到绝对温度。

　　在物理学中，如果对铁、钨等标准黑体从绝对零度（−273℃）起开始加温，随着温度增高，黑体会发出有颜色的可见光，光的颜色随着温度的升高而逐渐发生变化。当对其加热至 800K（800−273 = 527℃）时，黑体出现暗红色的光；再加温，由暗红色变为黄色；当加温至 5600K 时，颜色由黄色变为日光即白色的光，近似太阳光；继续加温至 25000K 时，颜色逐渐由白色变为蓝色。黑体随着温度增高而发出的色光，就叫作光源色温度，通常简称为色温。

第二节　光源的色温

电视照明的光源可分为两大类：自然光源和人工光源。常用光源色温就是由这两部分构成的。彩色电视对光线的颜色要求很严，因为它会直接影响电视画面的彩色质量与效果。

自然光的色温随气候、季节、时间、天气等变化而变化，其中时间和天气的变化对日光色温的影响最为明显。拍摄电视节目时，应根据自然光色温的变化与不同不断地调整摄像机的白平衡，使画面色彩还原准确。

人工光源在电视节目制作中使用较多，有些节目几乎全部是利用人工光源照明制作的。人工光源的种类、规格较多，功率和亮度指数也不尽相同。每个光源所发出的光均是由许多不同波长的辐射组成的，所以它的颜色也各异。

光源色温与电视画面的关系十分密切，直接影响物体颜色的明亮程度。自然光和人工光的色温差别比较见下表。

自然光和人工光的色温差别比较表

光源		色温（K）
自然光	初升和欲落时阳光	1850
	日出后和日落前半小时的阳光	2380
	日出后和日落前 1 小时的阳光	3400
	日出后和日落前 2 小时的阳光	4500
	正常日光（上午 9：00~11：30，下午 14：00~16：30）	5400
自然光	正午直射阳光	5800~6500
	薄云均匀遮日	6500~7000
	阴天	7000~10000
	雨后初晴高原天空光	18000~24000
	一般淡云点缀的天空	10000~14000
	日落后半小时天空散射光（平均测试）	4500~6000

光源		色温（K）
人工光	40W~60W普通灯泡	2600
	100W~300W普通灯泡	2800
	硬质玻璃卤钨灯泡	3150
	白炽灯	2400~2800
	日光色荧光灯	5600
	三基色荧光灯	3200
	镝灯	5000~6000
	氙灯	6000
	高压钠灯	2000
	蜡烛光	1850
	马灯光	1900
	煤油灯光	1900
	电视屏幕	9000

第三节　色温平衡

通常人们在制作电视节目中，总希望画面中的场景、人物色彩还原准确，色彩逼真，保证较高的画面色彩质量。那么，怎样才能做到这一点呢？首先应从光源色温平衡方面去考虑问题，它是良好的色彩再现重要的条件之一。

色温平衡一般指：

使用的光源色温与摄像机的色温一致；

同一场景中几种不同的光源色温一致；

日光下被摄物体亮部的日光色温与暗部使用的灯光辅助光色温一致等。

遇有以上几种情况时，平衡色温的方式是：

1. 平衡光源色温与摄像机色温。标准的日光色温为5400K，灯光色温为3200K。摄像机一般自身有三挡滤色片可供选用，一是3200K挡灯光色片，二是5600K挡日光色片，三是5600K+1/4ND（灰片）挡日光色片。如果出现上述色温不平衡现象，可将光源色温调整到摄像机色片的标准上，也可将摄像机色片调整至现场光源色温的标准上。除了选择合适的摄像机滤色片之外，最好在现场使用光源色温调整白平衡。

2. 平衡一个场景中几种不同的光源色温。例如在内景某一场景拍摄，门窗部位有大量的5400K日光进入，场景暗部加用3200K的灯光加以辅助照明，两者色温差异较大。可考虑在灯光前加升色温的蓝色滤色片，将原色温由3200K提高至5000K以上；也可以在自然光入口处加用降色温的橙红滤色片，人为降低5400K日光色温至3200K左右。以上两种方法各有利弊，前一种方法简单易行，但灯光亮度损失大；后一种方法较适合于小场景。如果有条件可考虑使用高色温灯，目前较常用的是镝灯，它的色温接近日光色温。

3. 在自然光的直射光照明下，被摄体暗部有时需要加辅助光照明，用以表现和强调暗部层次。常见的方法是使用电瓶灯或一般灯具打辅助光，但日光色温与灯光色温不一致，需要人为提高灯光色温。目前，灯具生产厂家考虑到电瓶灯有时用于外拍的特点，一般每套电瓶灯都配有标准升色温蓝滤色片。可用蓝色片提高电瓶灯色温。另外，如用一般灯具打辅助光，可在灯前加提高色温的蓝色纸。

第四节　色温混合

不同色温的混合光的运用，在人物摄影中灯光的色温变化基本可以分为两种：一种是人为的利用色片来变化控制光线的色温；一种是发光体的自身所具有的色温，所以在混合光的运用上所达到的画面效果也不同。不同色温的混合光组合的特点，会在画面中出现不同的色彩变化的效果，如冷暖色变化和补色变化等。重点来渲染画面的气氛。

1. 使用不同色纸的混合光

不同色纸的混合光，即采用在灯光前加上不同颜色的色纸来人为地改变光源的色温然后交叉混合使用。

（1）主光是正常色温，背景低色温（暖色光）

是以钨丝灯作为主光和辅助光，摄像机色温调整为3200K左右，正常还原人物的色彩。背景使用钨丝灯加橙色色纸作为背景环境光使用，在人物背后形成一个半圆形渐变光，或者在背景上打出一道斜线，或者某个特定或特殊图案，让背景富有变化，同时也具有突破画面背景死黑一片的沉闷感觉。

（2）主光是正常色温，室外背景选择高色温（蓝色光）

主光使用镝灯，摄像机色温调整为5600K左右，在室外架设镝灯加蓝色色纸作为环境光，用来模拟月光效果。如果室内环境光源是台灯暖色光效果，室内灯具还要加暖色色纸，用来保持与现场真实光源环境一致的效果。

2. 不同色温灯具的混合使用

在混合光拍摄时，不同灯具的搭配会产生不同的画面效果。例如夜景室内模拟客厅台灯效果，在室内台灯前侧，用钨丝灯或特图利灯作为主光照明人物，模拟台灯光线。钨丝灯前需用黑色卡纸包裹，以控制光线范围。人物另一侧脸部辅助光，用钨丝灯打在反光板上进行补光。在人物背后较高的地方，用钨丝灯或特图利灯作为人物轮廓光。用 KINO 灯打在房顶或墙角作为底子光。在室外用镝灯作为环境光，模拟月光效果。

★ **本章思考与练习题** ★

　　1. 什么叫色温？

　　2. 为什么要平衡色温？平衡色温有哪些方法？

　　3. 在影视创作中，经常使用的标准日光色温是多少？标准的灯光色温是多少？

第四章　色彩学的基本原理

★ 本章内容提要 ★

　色彩的三属性：色别、明度、饱和度。

　色彩的视觉感受与联想作用。

　色彩的变化规律主要是由色别、明度和色彩饱和度表现出来的。

　创作中色彩的应用。

色彩是当白光照射到物体表面，经过不同程度地被吸收和反射，并通过人的视觉作用而产生的。色彩在人的视觉活动中占有非常重要的地位。同样，它在电视节目制作中也具有重要作用。大千世界是由色彩构成的，电视画面也是由色彩构成的，电视技术在"仿真"中以准确再现大自然色彩为其主要奋斗目标。色彩在电视形象的表达中是一种形式，又是形象语言构成的载体，它在表意、抒情方面又有独特功能。

第一节　色彩的基本属性

色彩的基本属性也称为色彩的基本特征。物体的色彩具有三个基本特征：色别、明度和饱和度。

一、色别

色别也称色相，是色的最基本特征。色别用来说明彩色之间的主要区别或者彩色与消色之间的区别。例如，光谱中的红、橙、黄、绿、蓝、靛、紫等颜色都表示不同的色别。不同的色别可用其光谱色的相应波长作标志。不同波长的光给人眼造成不同的色觉刺激。在艺术创作中，人们常将色分为两大类，即暖色调和冷色调。所以，色别也被称为色调。

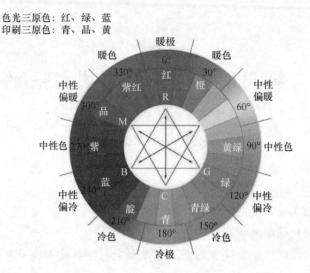

色光三原色：红、绿、蓝
印刷三原色：青、品、黄

二、明度

明度是同一色别的相对亮度。光谱中的一种色因光线照射的强弱不同会出现颜色的深浅、明暗的不同变化，这种变化就是明度的变化。例如绿色，会有深绿，也会有浅绿；红色，也会有深红和浅红之分。在电视照明中，由于光线有明暗、强弱变化，彩色物体表面也会呈现出各种不同的色彩明度的变化，正因为有这种变化，才有了物体的立体形状和表面结构特征的变化与体现。

在电视节目创作中，色彩的明度控制与变化是依据主题内容的要求变化而变化的。例如，以抒情写意的喜庆吉祥、轻松愉快为主的题材，色彩的明度宜大；以庄严肃穆、凝重深沉为主的题材，色彩的明度宜小。在一部电视片中，段落与段落、场景与场景，不同的色彩的设计处理，可以形成电视片的节奏感。在电视片创作中，通过不同光线对色彩明度的调控、设计，同样也能收到以上效果。

消色中由白到黑的渐变过程中，越接近白色其明度越大；反之，越接近黑色其明度越小。

三、饱和度

饱和度有时也称为色纯度。饱和度指颜色的鲜艳程度，也可以指某种色别的颜色与相同明度的消色（黑、白、灰色）差别的程度。如果一种色别颜色中所含彩色成分多、消色成分少，该色别色彩就饱和；反之，如果所含彩色成分少而消色成分多，色彩就偏重不饱和状态。

影响色彩饱和度的因素有：

1. 不同的光线照明，物体的色彩饱和度会有不同的变化。晴天照明，物体表面明度增加，色饱和度正常；阴天光线晦暗，光线呈现散射和漫反射状态，物体表面明度降低，物体的色彩饱和度亦随之降低；阴雨天和雪雾天光线照明，饱和度同样偏低。

2. 物体表面结构状态对饱和度也有直接影响。凡是粗糙的物体表面结构，对光线的反射迟缓、表面明度下降、色彩饱和度降低。

3. 物体距离视点或镜头越远，由于空间中的介质会随之增加，色彩饱和度越低。同样，如果拍摄中使用长焦距镜头，对物体色饱和度也会带来影响，焦距越长，色彩饱和度越差。

4. 不同季节对色彩饱和度也有影响。拍摄冬季的原野、荒漠、雪原、群山等景物，被摄物的色彩以消色为主，色彩难以表达。夏季物体的色彩最为真实，特别是光滑表面结构的物体表面色泽鲜艳、饱和纯正，给人以悦目、艳丽之感。

物体色饱和度与明度的关系是相对的，有时明度高而其饱和度却不高。

第二节　色彩的联想与感情

色彩是物质世界中事物最直接的外观，是电视艺术表现的一种常用形式，是构成视觉艺术特征的重要因素。色彩是人们感受物质存在、认识事物的主要途径之一。色彩与人的视觉密切相关，人的视觉又是人的各种感觉器官中最重要的，给人的大脑与思维产生的影响最为直接，作用力最大。视觉器官对色彩的感知，不仅仅停留在"表层"，不仅仅是人们对物体表面的一种认识。色彩能游离物体表面，能够有倾向性地、有意识地、有联想意义地、有感情意味地去参与人的思维活动，从而对人的视觉心理、审美产生影响。

色彩的联想是人的思维的一种具体活动，它因人而异。从普遍意义上讲，蓝色常常同天空与海洋、绿色常常同草木与森林、红色常常同红花与太阳等联想在一起。但对电视工作者来讲，除了具体的色彩联想而外，更多地偏重于较抽象的联想，例如看到蓝色联想到深邃、幽静、冷漠等；看到绿色联想到生机、安全、责任等；看到红色联想到兴奋、坚毅、热烈等。

色彩的视觉感受与联想

红色：
　　生命、真诚、热情、兴奋、炽烈、太阳、凝聚、强暴、火焰、积极、奋进、吉祥、警示、危险、革命、战争

橙色：
　　热情、温和、喜庆、晨光、轻松、嫉妒、权力、诱惑

黄色：
　　富贵、荣耀、地位、皇室、光辉、快乐、豪华、丰收、疑惑、轻薄、统治

续表

绿色：	春季、青春、鲜活、生机、安全、平静、和平、希望、神秘、嫉妒、阴冷
青色：	深远、淡雅、冷漠、独立、沉稳、消极、寒冷
蓝色：	深邃、太空、无限、幽静、透视、空间、安适、冷静、凄凉
紫色：	华贵、严肃、神秘、娴静、柔和、庄严、沉稳、幽婉
黑色：	沉默、肃穆、神秘、悲哀、恐惧、死亡、黑夜、诡秘、阴郁、压抑
白色：	纯洁、明快、高雅、冷清、寒雪、快乐
灰色：	和谐、稳定、静止、忧郁、温和、平常、中性

色彩的联想差异性很大，每一个人因其所处环境地位不同、文化素养不同、民族习惯不同、成长经历不同、内心情感世界的状态不同等，对色彩的理解与想象也就不同。上表中给出的不是一种模式，它会因电视创作中具体创意想法不同而发生变化。

色彩的感情是人的生理反应进而发展为复杂的心理过程。人在观察不同的物体以及不同的色彩时，由于物体形状及色彩的刺激而产生各种情感变化。在电视创作中，利用色彩来抒情表意，利用色彩的特有情感语言表达主题内容，可有效地提高画面的可视性，增加画面视觉语言的感染力。通常人们以色彩的冷暖感、轻重感、软硬感、强弱感等表达感情。

一部色彩动人的电影，不仅仅会给人带来视觉上的冲击，还能突出某种色彩，并赋予其特殊的含义。著名摄影师斯托拉罗曾说："色彩是电影语言的一部分，我们使用色彩表达不同的情感和感受，就像运用光与影象征生与死的冲突一样。"在电影创作中，色彩不单是画面造型元素，更是重要的符号，无论是对人物形象的塑造，还是烘托影片主题都起到了重要作用。

一、红色

红色，在众多色光中波长最长，对应空气中波长大约在 620nm～780nm 之间，是光的三原色之一。

由于红色是一种比较鲜艳的色彩，容易引起人们的注意，因此在生活中许多警告性的事物或文字都用红色来标识。但在电影画面中，看到红色不仅能联想到危险，还可以联想到生命、希望、博爱、革命、血腥等含义。

　　史蒂文·斯皮尔伯格执导的电影《辛德勒的名单》，整部影片以黑白画面为主，唯一有色彩的地方就是一个穿红衣服的小女孩。这部电影是在第二次世界大战背景下创作的，影片以黑白画面展现、重现了战争的残酷以及历史的沉重。在如此沉重的画面中，穿着红色衣服的小女孩出现，不仅给观众带来了强烈的视觉冲击，还给观众带来生命跟希望。但讽刺的是，此影片的小女孩身着红色的衣服不仅代表了生命与希望，也代表了死亡，为影片中小女孩最终的命运作了铺垫。当小女孩被淹没在一群尸体中将被纳粹埋入万人坑时，红色代表了女孩的抗争与死亡。

电影《辛德勒的名单》中，红色代表的是生命、希望、抗争与死亡

　　谢尔盖·爱森斯坦执导的《战舰波将金号》，与电影《辛德勒名单》相同，影片以黑白画面为主，但该影片唯一有颜色画面为一面红旗。这部电影创作背景为敖德萨海军波将金号战舰起义的历史事件，讲述的是战舰上的水兵受指挥官的欺压，最后起义。该影片共分为"人与蛆""后甲板上的悲剧""以血还血""敖德萨阶梯""战斗准备"五部分。影片中唯一有颜色的红旗出现在"战斗准备"的第五部分。这一部分讲述的是被欺压的水兵做好战斗准备，而具有良心的沙皇海军舰队的士兵拒绝向他们开炮，战舰波将金号向公海驶去。战舰波将金号上面飘扬的红旗代表了水手革命的成功，而画面中飘扬着红旗的战舰波将金号由画面纵深处向观众驶来，代表了革命的力量和由此红色带来的革命、不可战胜的寓意。

　　克日什托夫·基耶斯洛夫斯基执导的电影《蓝白红三部曲之红》，作为《蓝白红》三部曲的最后一部电影，导演延续了他对法国国家精神的崇敬之情，全片以"博爱"这一主题进行叙事。影片主要讲述的是三位怀有悲伤情绪的主人公相互救赎的故事。影片中，红色作为重要的符号贯穿于全片之中，如红色的吉普、红色的衣服、红色的椅子、红色的酒吧、红色的车灯和巨大的红色广告背景等。影片中，红色被作为一种画面语言进行叙事和使用，当红色符号出现，

电影《战舰波将金号》中，红色代表革命

就会给观众带来视觉与心理上的写意效果，饱含作者的意蕴，从而升华影片的内涵。无论是象征精神创伤的红色樱桃，还是象征危险的红色车灯，还是象征记忆中爱的红色衣服，都在不经意间传达给观众整部影片最本质的情感内涵——博爱。

电影《红白蓝三部曲之红》中，红色代表博爱

　　斯坦利·库布里克执导的电影《闪灵》，主要讲述的是一名作家杰克·托兰斯为了寻找写作的灵感，带着妻儿寻找了一份冬天在旅店看门的工作，但是，他却被自己幻想出来的故事逼疯，最终导致悲剧发生。电影中，作家的儿子丹尼·托兰斯有"超感知能力"，可以看到旅店里发生过的凶杀案，而丹尼·托兰斯看到凶杀案的现场会出现大量鲜红色的血，而这些红色的血代表了血腥，给人一种恐怖、危险的感觉。

　　米开朗基罗·安东尼奥尼指导的电影《红色沙漠》主要讲述一个因车祸而受刺激失去心理平衡的女人所看到世界的样子。这部电影被称为"电影史上第一部真正意义上的彩色电影"，在电影中导演大量运用表现性色彩，呈现出女人在不同的心态下看到事物颜色的不同，每一种颜色都具有其自身的象征意义。

电影《闪灵》中，红色代表血腥、危险

影片中，红色出现过很多次，如吉莲娜看着丈夫与其他女人调情的红色小木屋；吉莲娜与情夫出轨的房间。无论是丈夫与其他女人调情的木屋还是吉莲娜与情夫出轨的房间都能代表两人的激情与热情，但这也表现出夫妻两个人关系濒临破裂的绝望。所以该电影中的红色代表的既是热情又是绝望。

电影《红色沙漠》中，吉莲娜与情夫出轨的房间，红色代表热情与绝望

电影《红色沙漠》中，丈夫与其他女人调情的红色木屋，红色代表热情与绝望

红色作为最容易引起注意的颜色，在电影中运用十分广泛。除上文中提到的几种红色在电影中的运用，许多电影作品中的红色都有具体的象征意义。如山姆·曼德斯执导的电影《美国丽人》中，红色代表性与欲望；艾尔伯特·拉摩里斯执导的电影《红气球》中，红色代表活泼、希望；张艺谋执导的电影《大红灯笼高高挂》中，红色代表了封建；陈力执导的电影《两个人的芭蕾》中，红色代表了温暖的亲情。

《美国丽人》

《红气球》

《两个人的芭蕾》

《大红灯笼高高挂》

二、蓝色

蓝色，在众多色光中波长最短，对应空气中波长在 450nm～500nm 之间，是光的三原色之一。

由于蓝色对应空气中波长较短，所以，它在众多色光色彩中属于冷色调光线。看到蓝色，人们会联想到大海、天空等辽阔、宽阔的景象。在电影画面中，蓝色是画面中最冷的色彩基调，容易使观众产生寒冷、冷静、平静、幽静、凄凉等联想。

克日什托夫·基耶斯洛夫斯基执导的电影《蓝白红三部曲之蓝》，作为《蓝白红》三部曲中第一部电影，全片以"自由"这一主题进行叙事。影片主要讲述女主公朱莉在面对自己丈夫与孩子在一场车祸中离开自己的事实，以及丈夫生前对她的不忠之后所要接受的新生活。影片以蓝色作为整体色调，蓝色作为朱莉过去生活的代名词，在画面上反复出现，强调朱莉过去的生活。如回忆与丈夫有关的事情时，画面的光线以蓝色铺地，如过去房子里悬挂着的蓝色水晶风铃，女儿在车上玩的风铃等都是用蓝色为基础。而象征"过去"的蓝色像恶魔一样无时无刻不出现在朱莉的身边，蓝色的糖果、蓝色的灯、蓝色墙壁都是禁锢、压抑朱莉内心的物体。但当朱莉慢慢接受快要临盆的丈夫的情妇，慢慢接受自己的追求者，慢慢接受自己的过去，慢慢接受自己身边一切蓝色的事物，说明朱莉真正摆脱了压抑自己内心的恶魔，寻找到了真正的自由，而压抑的蓝色也就成为朱莉追求自由的动力。

电影《蓝白红之蓝》中，蓝色代表自由

　　杰夫·尼科尔斯执导的电影《午夜逃亡》既是一部科幻片，又是一部公路片。影片讲述了一名父亲为了不让自己有特异功能的儿子被恶势力抓住，带着自己的儿子埃尔顿逃亡的故事。影片中，小主人公埃尔顿是一名具有特异功能的小孩，他的眼睛会发出一种让人进入另一个精神世界的光，同时他对光线与噪音过敏。因此，他经常会带着一副蓝色的游泳镜。埃尔顿除了带着蓝色的游泳镜之外，他身上穿的衣服也是蓝色的，他从头到脚都包裹在蓝色之中。虽然埃尔顿非常特殊，但他拥有小孩子的天真、纯洁、活泼，他并没有因为自己的特殊而封闭自己，他依然拥有积极乐观的态度。因此，影片中的蓝色重点突出的是埃尔顿的天真、纯洁以及他积极向上的心态。

电影《午夜逃亡》中，蓝色代表活泼、天真，积极乐观的心态

弗兰克·达拉邦特执导的电影《肖申克的救赎》是一部伟大的电影。影片主要围绕肖生克监狱里内犯人的生活进行叙述，展示出人对时间流逝的恐惧以及对环境改造的恐慌。虽然影片以"希望"为主题，但是全片的主要色调是蓝色。蓝色的囚服、浅蓝色的墙壁、灰蓝色的天空无一不在彰显监狱生活的压抑。在压抑的生活中寻找希望，电影画面的色调与电影的主题形成明显的反差，增强画面视觉冲击，给观众带来新的视觉体验。

电影《肖申克的救赎》中，蓝色代表压抑

亚利桑德罗·冈萨雷斯·伊纳里多执导电影《荒野猎人》，主要讲述的是皮草猎人休·格拉斯在一次打猎中被熊所伤，其他猎人趁火打劫，抢夺他的全部财产后将他抛弃在荒野中，奇迹的是休·格拉斯活了下来，并开始他的复仇计划。电影全片完全没有运用人工光照明，都是依靠自然光完成的画面创作。影片以冷色调为主，画面以蓝色为主要色彩，给观众凄凉的感觉。影片中，休·格拉斯很不幸，自己受伤、儿子被杀、受伤的自己被抛弃在荒野中。画面中偏蓝色的冷色基调不仅能展现出荒野的荒凉，更加能衬托出休·格拉斯的人生的无助。因此，蓝色出现在该电影中象征凄凉的感觉。

电影《荒野猎人》中，蓝色代表凄凉、荒凉

蓝色作为冷色调中最冷的颜色，在电影中被广泛应用。除上文中提到的几种蓝色在电影中的运用，许多电影作品中的蓝色都具有某种象征意义。如昆汀·塔伦蒂诺执导的电影《杀死比尔》中，蓝色代表肃杀；艾伦·帕克执导的电影《鸟人》中，蓝色代表自由；大卫·林奇执导的电影《蓝丝绒》中，蓝色代表神秘；张艺谋执导的电影《英雄》中，蓝色代表冷静。

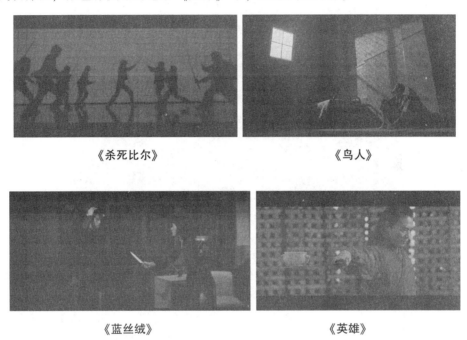

《杀死比尔》　　　　　　　《鸟人》

《蓝丝绒》　　　　　　　《英雄》

三、绿色

绿色，在众多色光中波长靠近中间部分，对应空气中波长在 492nm～577nm 之间，是光的三原色之一。

绿色是自然界中常见的颜色，但绿色具有两面性，它可以被看作是有生机、有生命力的颜色，还可以被看作发霉、腐蚀的颜色。在电影画面中，看到绿色不仅可以联想到生机、环保、生命、和平、宁静、自然、青春等好的寓意，还可以联想到阴暗、腐朽等不好的寓意。

史蒂文·斯皮尔伯格执导的电影《拯救大兵瑞恩》，电影创作的背景是"诺曼底登陆"，属于第二次世界大战时期，影片主要讲述由约翰·米勒上尉带领的8人小组深入敌后拯救二等兵瑞恩的故事。全片以绿色为主要色调，士兵的军装、士兵的帽子、战争现场的绿色草坪，以及埋有战友的墓地也是在一片绿色的草丛中。绿色往往会给人生命、生机、和平的视觉体验，但是，仔细观察电影中绿色的运用，大部分画面出现绿色时，其饱和度偏低，画面呈灰绿色调。导演通过灰绿色的画面展现，重现了战争的残酷以及历史的沉重。电影中，战士都身着绿色的军服在绿色的草坪中战斗，细想一下，战士们为什么要战斗？他们为的是世界和平才选择战斗，绿色的草坪往往是给士兵、给观众希望的元素。因此，电影中绿色主要蕴含了和平的寓意。

电影《拯救大兵瑞恩》中，绿色代表和平

阿方索·卡隆执导的电影《小公主》是一部儿童电影，重点讲述了萨拉父亲"去世"前后米切恩女子学校校长对萨拉完全不同的两种态度，从而突出萨拉的愿望：哪怕衣衫褴褛，内心依然住着一位公主。绿色是全片的重点色，米切恩贵族女子学校的事物几乎都是绿色，学校内的建筑、校长的服装、学生的校服等。绿色是一个有生机、有生命的颜色，作为学校的主体色，应该是彰显校园生活的美好、阳光。但在影片中，充斥着绿色的校园不仅压抑着学生们的天真、纯洁，还展现出校长的丑恶，将校长的贪婪、吝啬直观地呈现在画面上。电影中，绿色象征阴暗、贪婪、吝啬。

电影《小公主》中，绿色
的建筑压抑了学生天性

电影《小公主》中，校长
绿色的服饰象征她的贪婪

电影《小公主》中，绿色校服压抑学生天性

　　吕克·贝松执导的电影《这个杀手不太冷》，主要讲述的是一名职业杀手里昂，无意间解救了一名全家被杀的女孩马蒂尔达，在与女孩相处的过程中，两人之间产生情愫，最后，里昂为了救马蒂尔达而身亡的故事。影片中，有一件物品从头贯穿到尾，那就是杀手里昂最喜欢的龙舌兰。作为绿色植物的龙舌兰，它象征着生机、希望，而这抹希望与里昂职业杀手的灰暗生活截然相反。影片中，里昂无论到哪儿都会带着龙舌兰，并精心地照顾它，虽然富有生机的绿色龙舌兰与里昂的杀手生活形成了明显的对比，但确是里昂内心的真实写照，在里昂内心深处还是充满希望的。

电影《这个杀手不太冷》中，绿色代表希望、生机

　　维姆·文德斯执导的电影《德州巴黎》电影，主要讲述的是迷失在沙漠特拉维斯回归到文明生活，在得知儿子亲生母亲的下落之后，与儿子踏上寻母的道路。电影中，特拉维斯迷失于沙漠中脱离现实生活多年，因为无法适应现实生活，而感到迷茫。哪怕是他努力地适应生活，还是无法与现实生活和谐相处。当他开车行驶在路上，以绿色光线为背景的画面，呈现出一种神秘感，加上没有尽头的道路，更能表现出人物内心的迷茫。神秘的绿色画面与此时特拉维斯迷茫的内心世界形成互补关系，突出影片主题。

　　绿色作为一种具有两面性的色彩，在电影中被广泛应用，但是针对不同影片的主题、剧情等方面的不同，它所代表的内容是不同的。除上文提到的几种

电影《德州巴黎》中，绿色代表神秘

绿色在电影中的运用，许多电影作品中的绿色都具有某种象征意义。如沃卓斯基兄弟执导的电影《黑客帝国》中，绿色代表紧张；李安执导的电影《少年派的奇幻漂流》中，绿色代表危险；索菲亚·科波拉执导的电影《处女之死》中，绿色代表无助、禁锢；张艺谋执导的电影《英雄》中，绿色代表祥和、生命。

《黑客帝国》

《少年派的奇幻漂流》

《处女之死》

《英雄》

四、黄色

黄色，在众多色光中波长靠近中间部分，对应空气中波长在 570nm～585nm 之间。黄色与红、蓝、绿三者不同，它是颜料三原色之一。

黄色，在所有的颜色中明度是最高的，容易引起人们的注意。黄色常被视为"安全色"，因此，它在提醒人们安全时起到非常重要的作用，危险物品上的标志一般都是用黄色来表示的。在电影画面中，看到黄色除了可以联想到安全、危险之外，还可以联想到温暖、收获、温柔等寓意。

谢加·凯普尔执导的电影《伊丽莎白》，讲述的是英国女皇伊丽莎白从一个单纯的少女一步步变成睿智女王的人生经历。电影中，伊丽莎白的造型多数以黄色为主，特别是她还处于少女时期的画面，以黄色为画面的主要色调，表现的是伊丽莎白的高贵。当伊丽莎白成为女王时，画面中的黄色象征着伊丽莎白至高无上的地位与权力。作为一部传记式电影，黄色无论表现的是高贵，还是权力，都在电影中起到了重要的叙事作用。

电影《伊丽莎白》中，黄色代表权力、高贵

韦斯·安德森执导电影《升月王国》是一部儿童电影。电影主要讲述两名 12 岁的孩子相恋，两个人私奔到一座海岛上。当所有人都在寻找他们的时候，一场暴风雨正在慢慢靠近，海岛的平静被打破，随之而来的也是一场童年冒险。全片以黄色为主要色彩基调，无论是演员们的服装，还是以稻田为背景的环境，都以黄色为主。一对 12 岁的孩子因相恋而离家出走，这本身就是一种冒险。而在两个孩子离家出走的海岛上，一场极端恐怖的风暴正在慢慢地向他们靠近，而影片中的黄色基调无时无刻不在提醒观众危险的到来，这也为他们接下来的冒险行动做了铺垫。因此，影片中的黄色象征的是冒险精神。

罗伯特·罗德里格兹、弗兰克·米勒和昆汀·塔伦蒂诺联合执导的动作电影《罪恶之城》是根据弗兰克米勒的同名漫画《罪恶之城》进行改编。影片主要讲的是 Sin City、The Big Fat Kill 和 That Yellow Bastard 三个故事，而这三个故

电影《升月王国》中，黄色代表冒险

事都发生在一个虚拟的城市——罪恶之城。在这座城市中，看似正义的主教大人、参议员、警察才是产生罪恶最根本的源头。影片主要以黑白为主，对一些富有特殊含义的人物设定一定的颜色。在全片中，黄色只出现在一个被称为"黄混蛋"的反派人物上。"黄混蛋"作为一个反派，他说谎、奸杀、吃人，无恶不作，他一身黄色的皮肤与周围黑白的环境形成强烈的对比，让观众清楚地看到他罪恶的一面。因此，电影中的黄色代表的是罪恶。

电影《罪恶之城》中，黄色代表罪恶

黄色作为明度最高的色彩，可以引起人们视觉刺激，在电影中被广泛应用。除上文中提到的几种黄色在电影中的运用，许多电影作品中的黄色都具有某种象征意义。如克日什托夫·基耶斯洛夫斯基执导的电影《维罗妮卡的双重生活》中，黄色代表温暖；贝纳尔多·贝托鲁奇执导的电影《巴黎最后的探戈》中，黄色代表性、欲望；马丁·斯科塞斯执导的电影《出租车司机》中，黄色代表执着；张艺谋执导的电影《满城尽带黄金甲》中，黄色代表皇权的威严。

色彩的感情不是凭空主观臆造的，是人们在社会实践活动中逐渐形成的，它与人们的实践活动有着密切联系。随着人们欣赏品位和水平的不断提高，对

《维罗妮卡的双重生活》

《巴黎最后的探戈》

《出租车司机》

《满城尽带黄金甲》

色彩的理解、联想、想象会日趋成熟、丰富，有时还会给不同的颜色赋予抽象的意义。另外，社会的发展变化、时代的进步，也会给色彩增加新的意义。

第三节　色彩的变化规律

色彩的变化有一定的规律，这些规律性的变化主要由色别、明度和色彩饱和度表现出来。

一、色彩的冷暖变化

这种变化直接受物体本色、光源色和环境色等影响。

首先，物体受光面的色彩是由物体本色与光源色相加而成的综合色。如果光源色和环境色的色感较弱，确定物体色彩的冷暖倾向即以物体本色的冷暖为依据；如果光源色和环境色较强，那么确定物体色彩的冷暖倾向就以光源色或环境色的冷暖为依据。

其次，物体阴影面的色彩是由物体本色与环境色相加而成的综合色。如果环境色的色感较弱，那么确定物体阴影面色彩的冷暖倾向就以物体本色的冷暖为依据；如果环境色较强，那么确定阴暗面色彩冷暖倾向就以环境色的冷暖为依据。

再次，反光能力较强的物体高光部分的色彩主要是光源色的反射，色倾向以光源色为主。

最后，介于物体表面高光部分与低照度部分之间的中间调子部位的色彩通常是由物体本色、光源色与环境色相加而成的综合色，其中本色作用较为明显。

二、色彩的透视变化

从人的视点（摄像机的拍摄点）到所观察的物体的距离发生变化，物体的本色也会发生规律的变化。这种变化的主要原因是存在于空间中的"介质"的作用。视点距离物体越远，介质的作用越明显。例如拍摄正在操练的士兵。从近处拍摄时，士兵的绿色军服和红色肩章特别醒目、突出；从远处拍摄时，受大气色以及光的扩散、透射、混合等作用的影响，绿色和红色淡弱了，加之蓝紫光在空间的扩散，使士兵本色上加上了一层蓝灰色。即由于距离发生了变化，色彩的透视规律在色彩的饱和度、色相和明度上明显地体现出来了。透视变化的规律如下：

1. 物体距离视点越近，其色彩饱和度越大；反之，物体色彩饱和度越小。

2. 物体距离视点越近，其色彩的色相越偏暖；反之，物体色彩的色相越偏冷。

3. 物体距离视点越近，同一色彩色浅的明度高，色深的明度低；距离越远，色浅的明度下降，色深的明度增强。

三、色彩的强弱变化

色彩的强弱受距离的变化而发生变化。物体色彩的色感近强远弱。此外，还因色别不同而产生差异。例如，在视觉感受上，暖色比冷色强，原色比补色强，补色比消色强。了解了色彩的强弱变化规律后，可在电视节目制作的场景色彩处理中，利用其变化强调空间感和透视感，有效地突出主要场景和主要人物。

★ 本章思考与练习题 ★

1. 色彩的三属性指什么？它们相互之间的关系是什么？

2. 影响色彩饱和度的因素有哪些？

3. 色彩透视在色彩的饱和度、色别、明度上有哪些规律性变化？

4. 举例说明在影视创作中，哪些作品、段落或画面，在色彩处理上给你留下了深刻印象。

第五章　光线与人眼视觉特性

★ **本章内容提要** ★

人眼独特的功能：超常感受可见光强与弱的能力；亮暗适应能力；色彩适应能力；视界容量范围大；视焦点调节变换迅速等。

摄像机的"仿生"功能与人眼的差异。

电视工作者应该拥有一双什么样的眼睛。

在人获取外界信息量的感觉器官中，视觉居于听觉、味觉、嗅觉、触觉、机体觉、平衡觉等之上。视觉是人辨别自然界各种物体形状、明暗和颜色特征的主要感觉，眼睛又是视觉器官中的主要部分。

眼睛在人类接触自然和生产实践活动中，担负着十分重要的作用。这种作用显而易见又"司空见惯"，因而人们对它竟"熟视无睹"了。从事电视节目创作或具体从事电视照明创作的人员，应对眼睛的视觉特性以及眼睛观察与摄像机拍摄所取得的画面产生的差异有透彻的认识和了解。

如果我们开始注意到"眼睛"的存在了，就能从以下现象中发现：

＊在极微弱的、只有 1 勒克斯亮度的状态下，眼睛能分辨物体形状；

＊雪后初晴和正午太阳照射下，眼睛能分辨物体亮部层次；

＊在一个场景中，同时有几种不同色温的光源光线存在，眼睛却没有察觉；

＊一深一浅同样体积的两个物体放置在与人眼同等距离处，深的物体具有滞后感，而浅的物体却有突前感；

＊在同一视角内，眼睛能迅速适应级差 10 余万倍的亮暗不同的物体，并同时去分辨、识别它们；

＊在"不知不觉"中画面偏色了，有时完全出乎人们的预料。为什么"画面"对光色特别敏感？

＊眼睛真真切切观察到的物体暗部和亮部层次，为什么到了画面中却被损失掉了？

＊对光线的强弱、亮暗等变化，人眼感受"习以为常"，而画面反应却十分

迅速，没有"妥协余地"。

对人眼的视觉特性与画面的反应差异，作为电视工作者有必要加以认识和了解。

第一节　重新认识眼睛

人眼呈球状，依附于眼眶内，有丰富的神经系统和众多的微细血管与大脑相连，受大脑神经系统的支配，眼球可向各方向转动。

眼球有一套严密而科学的折光系统，由透明的角膜、眼房水、晶状体、玻璃体构成。来自被摄物体的反射光线，通过折光系统到达视网膜，由于光线的刺激作用，引起视网膜内壁某些细胞兴奋，由视神经传入大脑，产生人的视觉。

由于光线的作用，人眼异乎寻常的特征体现出来了。

一、感受可见光强与弱的能力

眼球壁有三层膜：纤维膜、血管膜、视网膜。

视网膜是感知光线强弱的主要介质，它的内壁上有两种感光细胞，直接接收来自折光系统的信息。这两种感光细胞是人眼感知不同亮暗状态下的物体的关键：一种为视杆细胞，一种为视锥细胞。视杆细胞具有极强的感受弱光能力，它能够在微弱得只有 1 勒克斯亮度的光线条件下感受物体的轮廓、形状以及区别物体相互之间的关系，所以人们称视杆细胞为"夜视的感受器官"。视锥细胞能够接受和分辨物体亮光部分的层次和质感，比如晨光下垂直于地面的物体的受光部分、强光照明下物体的受光面、高亮度的天空等。同时，视锥细胞对色光也有较好的感受能力。

二、亮暗适应能力

在视网膜内壁近中间，正对瞳孔处有一小的凹陷部位，呈黄色，在医学术语中叫黄斑。黄斑是整个眼球中视觉最为敏感的部位，视感细胞较为集中。它的最大的特点是结合了视杆、视锥细胞的长处，能较好地还原物体色彩，再现细微层次，同时对物体亮暗的适应能力极强。如日光的强光照明和夜晚微弱的天空散射光照明，两者亮度相差 10 万倍，可是对人眼来讲，却都能适应。人眼随年龄变化而纳光能力不同，青年人眼球内晶状体弹性好，对光线亮暗适应能力强，有时能容纳的亮暗变化范围超过 10 万倍，甚至达 100 万倍左右。人眼的这种极强的亮暗适应能力，是任何机械及电子记录"仪器"难以模仿和难以比拟的。

再有，人眼在观察被阳光照明的同一视角内的同一景物时，具有自动"扫描"的功能，能迅速区别亮的景物和暗的景物。这种区别和对亮暗的适应，是在瞬间完成的，是异常迅速的。人眼的迅速适应和调节范围（前提为同一时间、同一视角、同一景物），如用摄像机上的光圈 F 值衡量，大约在 F2.8 至 F11 之间。

三、色彩适应能力

同一物体，在不同的光线照明条件下，人眼不会由于不同的光线照明条件而改变对这一物体的原有色彩的印象和记忆。也可以说，照明条件发生了变化，但人眼却未察觉到物体表面的色彩出现了差异。这种情况被称为人眼的"色觉守恒"现象。

人的眼睛接收可见光谱的光线，并同时让光线等量地强烈刺激视网膜时，就得到了白光的印象。人眼所获得的一切视觉信息，大部分是在白天"白光"条件下获得的。所以，人眼对周围物体的观察始终带有在"白光"条件下观察的"印象"和对物体色彩在"4 白光"下的记忆。

在实际生活中，日光同室内的灯光混合在一起时，虽然日光接近 6000K 色温，而灯光只有不足 3000K 色温，但人们的视觉不会由于两种悬殊的色温变化（也可以说光谱成分的变化）而感到日光偏蓝和灯光偏红，而认为它们都是"白光"，视同白光对待。

"色后像"也是人眼色彩适应的一个特征。当人眼观察某一有色物体时，令其将视线由被观察的有色物体表面离开，人眼会不可避免地在短时间内把这一物体的补色"残像"保留，直到其自行从记忆中消失为止。比如，人在观看被充足阳光照明的红色花朵后，将视线由红色花朵移开，停留在一个均匀的表面上时，补色残像为蓝绿色；观看绿色物体后，残像为紫色；观看蓝色物体后，残像为黄橙色……

视觉对物体色彩的反应还受环境、背景、周围邻近有色物体的影响而发生各种各样的变化。如在一白色或浅色的幕布或背景前，物体的颜色显暗；在黑色或深色的背景前，物体的颜色显亮；中灰色背景前的物体颜色接近正常。所有颜色处在补色环境中时，饱和度就明显加强，色彩浓艳。两种以上色彩的物体在一起时，其色彩相互作用又相互影响。

四、视界容量范围

双眼视界角度因东西方人眼体有凹凸之别而形成较大差异。一般东方人双眼视界角度大约左右（水平）160 度，上下（垂直）110 度。

单眼的视界小于双眼，大约左右为 110 度，上下为 110 度。单眼最佳视界角度大约为左右 60 度，上下 60 度。物体处于人眼视界范围内的中心部分时十分清晰，处边缘部分时模糊。人眼由视觉中心点逐渐向外围边缘，呈一种由清晰到模糊的渐变状态。

视界广是人眼的特点。在生活中，无论处在什么样的视点高度上，都不会由于视点不同和高度变化，而使被观察影像在人眼中发生变形。

五、视焦点调节变换能力

眼睛视神经与大脑的密切配合，能极为迅速地调节眼睛观察远近景物时各种焦点的变化，在较暗的光线条件下也能灵活自如。眼睛能完成睫状肌收缩、缩小瞳孔等一系列调节动作，以在最近的 10 厘米距离上观察近处物体（眼睛功能上的差异因年龄而不同，观察物体的远近距离也不同）。反之，又能迅速观察远方的物体。在眼睛的焦点变换中，横向视焦点变换要比纵向的变换迅速；光线照明充足时视焦点变换要比光线照明不足时迅速；视界内物体亮暗差别小时视焦点变换要比亮暗差别大时迅速；"点"上视焦点变换到"面"上时比较迅速……眼睛这种瞬间的、自如灵活的视焦点变换与调节，是任何高科技产物难以达到的。

以上我们总结了人眼的诸多功能和观察物象中的卓越本领。我们电视工作者平时是用眼睛进行工作的，无论是电视节目创作的前期拍摄，还是后期画面的剪辑处理，通常都以眼睛作为衡量画面的一种标准。但是，在这种标准的前提下，必须考虑代替人眼进行工作的是摄像机，以及它给画面带来的影响。眼睛和摄像机之间具有良好的互补作用，当两者紧密地结合在一起时，我们电视工作者才有了一双电视的"眼睛"。

第二节　摄像机作为人的"眼睛"

在摄像机的种类中，无论是过去的单管机、双管机还是三管机，无论是便携式的 ENG 摄像机，还是 EFP 摄像机和演播室内用的大型摄像机，以及现在使用的高清晰度的数字摄像机，它们都是对人眼的一种仿制。

镜头具有人眼折光系统的大体功能。它由许多精密的玻璃镜片科学地组合在一起，接受来自镜头视角之内的影像，并把其影像投射到焦点平面——摄像管靶面上成像。机身如同人的大脑，从镜头进入的光线，被分光棱镜分解为红、绿、蓝三个单色影像，然后分别投射到三个相同的摄像管靶面上（三管机），同时产生红、绿、蓝三个电信号，经放大送入编码器，视频信号由此就产生了。这如同人眼视网膜接收到光线刺激后，由细胞群与大脑的复杂作用后产生视觉一样。话筒则是摄像机的耳朵，它接收由空气振动所传播的各种声音，并使其转换为电信号，最终实现视听合一。

作为电视工作者的第二双眼睛的摄像机，它的"仿生"及超常功能，在画面上有如下体现。

一、对光色变化的感知与体现

摄像机的"仿生"功能是建立在科学的、严密的、现代电子技术和数字技术基础之上的。电影摄影机记录自然景物的方法，是把景物色彩的三原色分别记录在胶片的感蓝、感绿和感红三层乳剂层上，经过胶片后期冲洗加工，原景物的色彩就再现在胶片正片或电影银幕上了。摄像机受摄影机记录色彩的原理启发，把白光分解为红、绿、蓝三原色，由三支感红、感绿、感蓝摄像管分别记录成像于焦点平面并转换为电信号，经一系列技术手段再现在屏幕上。这是摄像机最基本的成像原理。实际上，是聪明的人利用科学的手段把人眼的某些感色、记录影像功能加以分解、再现了。这种分解与再现带有严密的科学性、可信性。但是，它受条件制约和限制，不能像人眼那样，在任何复杂变化的光线条件下，都能有良好的适应性。

摄像机在照度适当、反差正常、技术条件限定的标准日光色温 5600K 和标准的灯光色温 3200K 下（一般的摄像机允许有小范围的色温偏差和偏差限定值），记录景物的色彩最为正常。如果出现以下情况，摄像机对光色反应十分灵敏，不能正常再现被摄景物整体或局部的原有色彩。

1. 用标准的 3200K 灯光色温调整白平衡后，拍摄现场的物体时，若出现高于或低于 3200K 的灯光色温的光源时，物体局部色彩偏蓝或偏红；用标准的 5600K 日光色温调整白平衡后，若出现高于或低于 5600K 的日光色温的光源时，局部偏蓝或偏红。

2. 在室内用 3200K 灯光色温调整白平衡进行拍摄后，接着又到高色温环境中（日光照明或高色温灯光照明）不加任何校正继续拍摄，画面整体色调会偏蓝、偏冷；反之则偏红、偏暖。

3. 一天中的不同时间，其日光色温会有不同变化，对此，人眼一般不能察觉。如果摄像机只按一天内某一个时刻的光线色温调整好白平衡，而不随时间的变化（实际上也是色温的变化）进行白平衡校正，画面的色彩基调就会发生较明显的偏色变化。

4. 对摄像机来讲，周围环境对画面正常色调的影响，是十分敏感的。如在草木郁郁葱葱的山地、碧波粼粼的湖边海滨、洁白如银的雪地、春天的麦田、钢花四溅的炼钢车间、弧光闪闪的铆焊工地等地方布光拍摄，画面都会不同程度地受到环境色的干扰，尤其是在光线照度偏低的情况下，画面中偏色现象更为明显。

综上所述，摄像机对光色的变化十分敏感，虽然能借助机器本身的白平衡调整加以干预，但在很多情况下机器却显得无能为力。

二、对人眼视域的拓展与开发

摄像机上的长焦距镜头、短焦距镜头和微距近摄功能确实"异乎寻常"，某些方面远远超出了人眼视域的有限范围，能看到许多人眼所不能及的东西。例如，摄像机上的长焦距镜头的使用，如同在观众眼前放上一架"望远镜"。这种镜头以其独特的再现景物、物体的本领，打破了正常景物的空间比例关系，如远近景物大小对比不明显、景深缩小、远近距离感减弱、空间被明显压缩等，均与人眼正常观察景物的结果不一样。这种比例的"失调"，带来了人眼视觉感受上的一种畸变效果，可满足观众的猎奇心理。又如用摄像机上的短焦距镜头（不含超广角和鱼眼镜头）拍摄的画面，其画面清晰度、色彩饱和度、景深范围较接近于人眼的观察效果，但在强化表现空间透视等方面比人眼实际感受到的要强烈得多。这种镜头能夸大远近景物在视觉上的大小对比。景物与景物之间的距离越远，被夸大的效果越明显，大小对比也就越强烈，给人们的感觉是，远处的更远更小，近处的更近更大。短焦距镜头在使用中具有"见缝插针"的功能，它能强调现场的面积和物体横向与纵向的距离。另外，超近距离拍摄目前对摄像机来讲已成现实，使镜头在宏观与微观世界的表现上和实现摄像机"自我完善"方面向前迈进了一大步。

三、对视角之内物象的理性思考

人眼的观察是最普通、最自然、最真实和最朴素的，是生活的真实写照。而摄像机镜头的观察是对人眼观察的一种选择、提炼与创造。无论是物体自然形态的再现，还是画面形象的艺术造型；无论是镜头语言的叙述，还是画面蒙太奇的组接，由于人为的摄像机镜头的参与，使形象更为真实可信，使镜头语言的叙述更有说服力。可以说，摄像机镜头的观察，更有目的性，更有选择性，更为典型，更有理性特点。例如：景别的运用是对人们视觉心理与习惯的一种总结；变焦距镜头使画面语言更为流畅和连贯；镜头富有哲理的观察，更准确、精练、信息量大。

在对人眼与摄像机了解与对比的基础上，还应引起电视创作者足够重视的是摄像机对光线亮度的基本需求和亮暗适应范围的问题。

首先，摄像机具备"记录"功能的前提，是要在镜头前有基本的照度，这种照度不能低于 300 勒克斯。照度在 1000 勒克斯至 20 万勒克斯之间，其记录影像效果最佳，图像质量最好。如照度低于 300 勒克斯，摄像机记录图像的大部分功能都会随之降低，例如景深与景深范围变小，画面清晰度减弱，色彩饱和度降低，图像信噪比下降，模拟摄像机时期，画面上有时还会出现物体拖尾（拉毛）现象。这都是人眼不会出现的问题。

关于摄像机亮暗适应范围的问题，先用人眼做一试验：在自然光照明下，用人眼观察同一视角内的明暗变化比较大的景物，其暗部亮度为 1000 勒克斯，亮部亮度为 20 万勒克斯，景物明暗亮度比为 1：200，人眼能分辨其亮暗部层次，有时人眼的明暗适应范围还可增大到 1：1000。而彩色电视摄像机的最大容纳亮度比仅有 1：30。这就是说，我们在实际创作中，要把人眼能适应的 1：1000 的景物亮度比平均压缩到适合于电视接受与表现的 1：30 之内，这种悬殊的比差对自然景物的色彩、层次、质感的再现来讲是一个很大的损失。从反差角度讲，要想再现和充分利用电视中 1：30 的亮度比，那么在景物亮暗配置及用光照明中，景物反差控制在 3：1 之内时，效果最佳。无论室内人工光照明，还是室外自然光照明，光比控制在 3：1 之内，是摄像机较理想的亮暗适应范围。

高科技在迅速地发展，当今数字化的高清晰度、低照度摄像机正在逐渐地缩小它与人眼的差距。另一方面，摄像机的某些优势、长处，人眼恐怕是望尘莫及的，两者的某些差别和距离，也是无法消除和缩小的。

从人眼与摄像机的差异中，我们应该得到一些有益的启示，应该在实际的电视创作中，正确对待和使用眼睛，人为地消除人眼观察给电视创作带来的影响和"干扰"，在实践中逐步学会用"镜头"进行观察、思考。在观察中，要自然而然地把眼睛看到的一切同画面联系起来，并进行画面与观察，观察与画面的反复比较，逐渐缩小眼睛观察与实际画面效果的差距。要在观察、对比、积累，再观察、再对比、再积累中减少和消除人眼观察给创作带来的"误差"，建立起摄像机特有的观察与思考的模式，最终达到眼睛的观察结果就是或接近摄像机记录的结果。

★ **本章思考与练习题** ★

1. 为什么要分析和研究人眼的视觉特征？
2. 为什么说视觉在人的感觉器官中是最重要的？
3. 怎样看待人的眼睛？它与摄像机相比较，其主要特征是什么？
4. 人的眼睛与摄像机相比较，其不足是什么？为什么要认识到这种不足？
5. 摄像机的"仿生"及超常功能是什么？
6. 怎样学会用镜头这只"眼睛"去观察？

第六章　电视照明与画面造型

★ 本章内容提要 ★

照明中光线的角度关系。

照明中光线的质感关系。

照明中光线的反差关系。

电视照明对画面的空间深度、物体的立体形状、物体的表面结构的影响。

了解不同物体表面结构的反光特性以及怎样去再现不同表面结构的物体表面质感。

光线轴线的形成、把握与运用。

画面形象来源于生活。现实生活中的诸种形象，存在于真实的自然空间中。电视画面，是再现生活的一个窗口，它是现实生活的真实反映。但电视画面反映生活，有它的优势也有它的弊端。首先它是一个平面，如同绘画和照片一样，在具有两维空间的画平面上，设法表现三维空间中的现实景物，确实有它的局限性和表现上的困难。

电视画面造型，要求人们在只有两维空间的画平面上，塑造出三维的立体形象，表现出被摄对象的各种视觉特征，如空间深度、立体形状、表面结构、画面基调等。

如何实现画面造型？照明所形成的光影结构和变化将是造型的重要实施手段，是画面造型的关键。这是照明所担负的重要使命。

第一节　照明中光线的角度关系

照明角度通常用光线方向和光线高度来表示，也可以说照明角度是水平角度与垂直角度之和。在实施立体照明中，空间的任何位置都可以通过它的水平方位和垂直方位来确定，两者的巧妙结合会形成各种照明效果。

一、光线方向

光线方向是以镜头的视点作基准的，而不以被摄对象的视点或方向划分，这是一个前提。

简单照明符号表

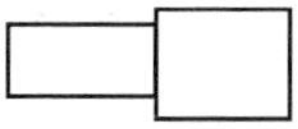	摄像机
	被摄对象处正面位置
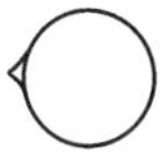	被摄对象处侧面位置
	被摄对象处斜侧面位置
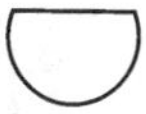	灯具
	加漫射镜或柔光纸的灯具
	背景
	反光板
	人眼
	门或窗

为了便于对照明角度和各种光位进行分析和理解，我们将使用表中的简单照明符号，采用"钟面表示法"表示光线的方向。如图 6-1，被摄体位于水平钟面的中心，摄像机镜头的视点位于 6 点钟的位置，也称 6 点横处。在一个固定

的摄像机视点，观察被摄体在来自不同方向的光源照明下产生的各种各样、丰富多彩的光影变化时，会有不同的感受，如图6-2所示。

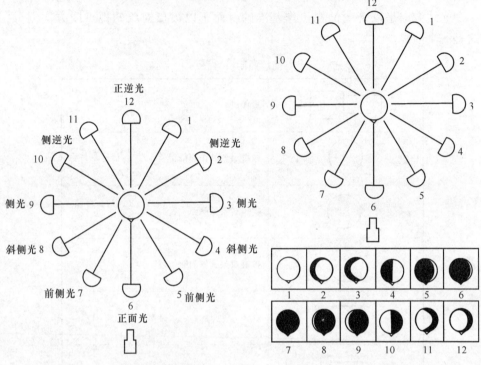

图 6-1　钟面横坐标平面图　　　　图 6-2　不同方向的照明及其效果

根据图6-2，可以很明显总结出以下几点规律：

1. 正面光：6点横处照明是典型的正面光。阴影置于被摄体身后，光源、镜头、被摄体几乎在一条直线上，物体上只能看到受光面，背光面和阴影被摄对象自身遮挡无法看到，因此正面光不能表现出物体表面凹凸不平的结构，物体缺乏立体感，对物体表面造型起到了一种隐没作用。同时，它不适合表现大气透视现象，景物的空间感也不强。

然而正面光影调相对柔和，利于表现事物自身的固有色，能够表现物体正面的所有细节，影调明快，在高调画面中常用。见图6-3正面光。

2. 斜侧光：4点横与5点横处是斜侧光照明，也叫前侧光，其实当光线从6点横处的正面光往3点横处的侧光偏斜（或相反），就是斜侧光，被摄体具有较大的受光面和较小的背光面，既能看清全貌，又具有一定的立体感，具有显著的明暗差别，能够较好地表现形态感和质感，因此斜侧光是摄影摄像中非常常用的光线。斜侧光的光线角度越接近侧光，物体的光影会越来越明显，造型力度越强；反之则会减少光影，造型显得年轻化和平淡化。见图6-4斜侧光。

图 6-3　正面光　　　　　　　　　　　图 6-4　斜侧光

3. 侧光：3 点横和 9 点横处是侧光照明，侧光照明下，被摄体受光面、背光面各占一半，投影在一侧。虽然物体看不清全貌，但明暗层次丰富，物体的影子（阴影面）留在画面中，物体特征较明显，立体感和质感能得到较好的表达。假设人的脸型不正（鼻歪嘴斜），运用侧光的半面光照明就能适当地调整过来。见图 6-5 斜侧光。

图 6-5　斜侧光

4. 侧逆光：2 点横与 1 点横处属于典型的侧逆光，也叫后侧光，跟前侧光一样，当光线从 3 点横处往 12 点横处偏斜（或相反），就是侧逆光，被摄体大部分背向光源，受光面呈现为一个较小的亮面，或勾画被摄物体的轮廓和形态，可以使被摄物与背景分离，使画面中被摄体有一定的立体感，与背景有一定的空间感。而在人物造型中，运用侧逆光照明，适当地拉大光比，可以造成轮廓鲜明、线条强劲的造型效果，有利于表达人物的特定情绪。见图 6-6 侧逆光。

图 6-6　侧逆光

5. 逆光：12 点横处是逆光照明，物体在逆光条件下只能看到背光面而看不到受

图 6-7　逆光

光面，缺乏立体感和质感的表现，但物体具有明亮的轮廓光照明，轮廓形态鲜明。且与背景分离，被摄主体得以突出。在室外或室内大场景拍摄，逆光能够极好地加强大气透视的效果，也可以说利用逆光拍摄远景或全景，可以加强空间立体感和透视感，使画面层次过渡丰富。

逆光角度照明下，若正面不加辅助光，能收到剪影或半剪影效果。这种剪影或半剪影可以营造特定的情绪和氛围。或形成强烈的暗示"在阴影里"。见图 6-7 逆光。

在多机室内剧拍摄、舞台转播或现场直播节目中，灯光位置不变，摄像机的视点位置发生变化，被摄对象的外观也会发生变化。如图6-8所示。

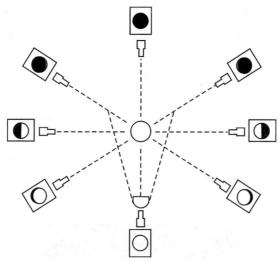

图6-8　不同视点看到的不同效果

二、光线高度

在钟面横坐标平面的基础上，要想加强造型效果并使光线富有变化，就要使光线在垂直照明角度上也产生变化。光线高度和光线方向的变化，两者具有同等的重要意义。光线高度的变化丰富了被摄体的形式感，也表现出其属性特征，在体现一种光影变化的同时，加强了造型的表现力。

在实际布光中，光线高度的合理运用尤为重要。见图6-9。

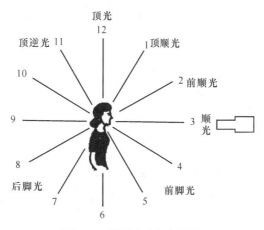

图6-9　钟面直坐标立面图

钟面直坐标与钟面横坐标不同，它从垂直面照明角度表示光位的变化，比如图中光位 2 为垂直 30°角形成前顺光，光位 1 为垂直面 60°角形成顶顺光，光位 12 为垂直面 90°角形成顶光等，以此推算至 180°角，即可推出每个光位的垂直面角度。在使用时按照角度越大光影越强、造型力度越大的规则而定，但仍有比较典型的两个垂直光线角度需要特殊说明。

1. 顶光

在 12 点纵位置，来自被摄体顶部的光线，当光源高度超过 60 度时，就形成了顶光效果。顶光也叫作"蝴蝶光"。

顶光可以丑化人物。顶光下的环境，水平面照度较大，垂直面照度较小，反差较大。缺乏中间过渡层次。照明人物时使头顶、眉弓骨、鼻梁、颚骨、上颧骨等部分明亮，而眼窝、鼻下、两颊处等较暗，形成骷髅形象，丑化人物。如图 6-10。

图 6-10 顶光

在拍摄女性时，顶光可以起到瘦脸的作用，突出女性的骨感美。

顶光是反常的光线，不是常用的造型光线，但是在自然光效法中，只要把光比处理得合适，不一定形成反常效果，有时能表现出自然光的真实感觉。在电视摄像中时常用低照度的散射光，从顶部普遍照明景物，作为底子光，以达到画面和谐的照度，电视画面更有层次感。

2. 脚光

位于 4 点纵、5 点纵位置，光线来自被摄体下方，光源再低于视线，就形成了脚光。

脚光也叫作魔鬼光，同样具有丑化人物的效果，脚光因为特殊的光影效果，具有塑造恐怖形象的效果。如图 6-11。

脚光与顶光一样是反常光线，在传统光线处理中，脚光丑化人物形象。在自然光效法中，用来表现特定光源光线特征，如夜晚在地面上的灯光、篝火光等。

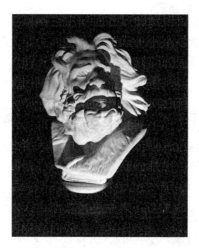

图6-11　脚光

在实际布光中，我们以每一光位30°角安排灯光，使其变化较小，更加具体细致。人们常说，大角度好找而小角度难定，有时某一造型效果常常出现在"毫厘"之间，这就需要我们在"钟点"之间，建立一种简单而明确的标准。上面已探讨了每钟点间为30°，每30°角内是"5分钟"，那么，每"一分钟"为6°，这是一种科学的、简便的计量标准，这种标准能使我们的布光设计与操作达到精确的程度。

我们分别了解了钟面横坐标（光线的水平方向）和钟面直坐标（光线的垂直高度）之后，将两个坐标交叉，就可构成立体的光位图，每一具体光位都可在水平钟面和垂直钟面的交叉立体空间内确定，如图6-12所示。

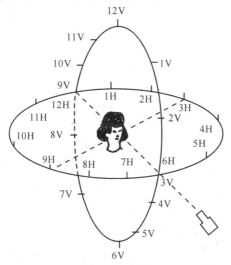

图6-12　立体光位图

图6-12中，H表示钟面横坐标水平方向的变化，V表示钟面直坐标垂直方向的变化，摄像机位于水平钟面6点钟和垂直3点钟位置，也就是6点横3点直的位置上。

第二节　照明中光线的质感关系

一、光线质感

在自然环境中，光线在不同的天气下会表现出不同的照明特点，如晴天的太阳光，使得物体产生明显的受光面、阴影面和投影，光线的表现力会大大突出，让物体表现出鲜明的色彩和轮廓；而在阴天条件下，光线的表现力就不会那么突出，物体的受光面、阴影面和投影并没有明显的界限和划分，单个物体条件下，会模糊物体的轮廓，使物体表现出柔和的形象特点。这就是光质的表现。那么根据这种视觉规律，我们总结出：光质即是光线的软、硬、聚、散的性质，光的软硬程度取决于若干种因素，但不同的光线性质具有不同的照明特点。

在影视艺术中，光线质感对画面有着很大的影响。以人为例，同样一个人物在硬质光条件下会表现得坚毅、硬朗、动态；而在软质光条件下，形象会偏向于柔和、安定、静态。

1. 硬质光

硬质光也可以称为硬光，即强烈的直射光，如：没有云层遮挡的直射太阳光，从某一角度直接照射物体；或者直接照射在人或者物体身上的非柔光光源人工照明的灯具，如闪光灯、聚光灯及日常照明光源等。

硬质光的光线具有鲜明的方向性，使受光物体表现出明显的受光面、阴影面和投影，在受光一面能够表现出非常明亮的影调，而背光面会形成鲜明的阴影。因此，硬质光照明条件下，能够极强地表现出物体的立体形态。

同时，硬质光照明使得受光面和阴影面之间的亮度差距明显，也就是物体的明暗差距较大，可以造成明暗对比强烈的造型效果，适合表现粗糙的表面质感，能够形成清晰的轮廓形态形象。这种光线形态能够达到有力、硬朗的艺术效果，因此适合表现男性化的、硬朗的、粗糙的、动态的物体或人物。

因此，硬质光照明条件下能形成鲜明的阴影。有的物体的阴影具有很强的表现力，硬质光不但可以通过形成阴影增强画面的立体感和纵深感，同时又与受光面的亮部形成较强的明暗反差，具有很强的视觉冲击；同时这种反差也能形成画面的节奏和层次感，增加画面美的感染力。

若以硬质光作为逆光来进行照明创作，会在物体的四周形成具有梦幻感与美感的轮廓光，能表现出物体的形态与体态，但需对物体的正面用柔和的光线进行辅助补充照明，以达到和谐的画面照明效果和适合的光比。但要注意，进行辅助补充照明时要控制补充照明亮度，不能太亮，太亮就会减弱逆光的照明效果，显得光感不真实。照明中辅助光不能产生第二光源的印象。

硬质光照明，虽然具有很强的冲击力和感染力，由于明暗反差强烈，会使影调过硬，损害暗部的细节层次，包括暗部的颜色信息和形态信息都会受到影响。

2. 软质光

软质光也可称为软光，即照射在物体身上不产生明显阴影的光线性质，在光学意义上表现为漫反射或散射性质的光线。当阳光被云层或者雨、雪、雾等物体遮挡，使阳光被扩散在一种广阔的区域上，从多种角度发出光线时，阳光就具备了软质光的特性。相应的，柔光性质的灯具如三基色柔光灯、Kino Flo，包括各博物馆、展览馆中照射文物或展品的照明光源也属于软质光。

软质光的特点是光线来源于若干不同的方向，因此产生的阴影柔和而不明晰，不会在物体表面形成明显的明暗对比。由于在软质光照明条件下，物体的受光面、阴影面和投影的分界并不明显，因此所产生的画面效果是平淡、柔和的。

与硬质光不同，软质光以光线柔和、阴影浅淡、投影虚松为特点。软质光的光线反差较小，因此并不能很好地表现物体的立体形态，也无法很好地表现物体的质感，但软质光明暗过渡比较柔和，表现层次变化细腻，色调层次丰富，可以很好地揭示和展现物体的外形、形状和色彩。

由于软质光柔和、细腻的光线特性，经常在影视创作中被用于表现柔化的、女性的、静态的形象和物体。

因此，软质光可以获得极为逼真的影像效果。由于软质光的光质柔软，所以透射到被摄体上不会形成生硬的阴影，亮部与暗部的反差比较适中，影像接近于常态，显得十分真实与自然。同时，被摄体表面的层次质感也会因此而显得格外细腻、丰富。

软质光由于其柔和、朦胧的效果，也就容易造出一种梦幻、缥缈的意境。由于软光不会强化景物原有的反差，因此如果拍摄对象或画面中的环境是云雾缭绕的山景或者水汽浩渺的湖畔，在摄影时有意让曝光稍微不足一点，就会使景物在画面中显得十分轻盈、恬静，产生一种轻柔、虚幻的氛围。

软质光能够有效地冲淡物体表面的粗糙和褶皱，因此对物体表面的质感，尤其是粗糙的物体表面，会产生模糊化的奇妙效果。但在拍摄人物时，也可以借此特点，修饰人物面部原有的皱纹和瑕疵、不良的阴影，具有美化人物形象的作用，尤其是当被摄对象为女性或儿童时，可以使其皮肤变得更加光滑、白皙，令其形象变得娇嫩、柔美。

当然，软质光也有缺点，软质光最难控制的地方在于光线的散溢，在我们不需要的地方也会由于光线均匀照明的特点而有所"关顾"。

二、光线质感的控制

在影视创作中，由于我们所要表现的物体和人物多种多样，而多种多样的人与物又会表现出各自不同的形态、质感、体态、轮廓、气氛、视觉感受等不同的特点，因此，对不同的主体，我们会选择不同的光线性质形态来辅助我们照明和表现，即用合适的光质来表现对应的主体和物象。而在日常生活中，光线的性质和形态并不以我们的主观意志为转移，因此，在必要的情况下，如何控制光线的性质就成了影视照明创作中不可或缺的一环。

1. 硬光的控制

由于硬质光在光线透射方向上的单一性，软质光在透射方向上的复杂性、多样性和多变性，因此，硬光变软光要相对容易，而软光变硬光则相对困难。在影视创作中所接触到的光源多是硬光光源，即点状光源，如聚光灯、成像灯、红头灯等，发光面积小，光线汇聚，投射距离较远，光线的方向比较明确。

那么，如果我们在创作中，想得到一个比较适合的硬光照明效果，怎样才能获得呢？

通常来讲，我们会选择合适的光线环境。

在自然光照明条件下，晴天的太阳就是一个典型的硬光光质、点状光源。且越接近正午时分，光线的质感和形态感就越硬朗。如果要塑造一个硬汉的影像，一般就需要选择正午的时间用光线描绘和塑造人物，用较强的明暗反差，受光面与阴影面以及投影，来表现出人物硬朗的形体、骨骼、脸部轮廓结构。如果反差超过宽容度，需要适当地加用补充照明。

在人工光照明环境下，则要选择具有硬光光线质感的灯具，通过改变灯具的高度、位置、投射角度等来改变光线的投射方向。光线的投射距离与光线的形态质感直接相关：同样照明条件下，投射距离越近，光线会显得相对柔和，投射距离越远，光线则会显得相对硬朗。

除此之外，硬光的使用也容易出现一些需要注意的问题：

（1）硬光照明容易形成高反差，会出现鲜明的受光面、阴影面和投影，有时会亮处过亮、暗处过暗，超出照相机或摄影机的宽容度，会使画面亮暗反差过于极端，会影响曝光平衡和画面均衡，会丢掉亮部区域或暗部区域的画面质感细节。

（2）硬光照明会切割被摄体。由于硬光的光线性质，光线集中且汇聚，照射范围小，亮暗区域分割感强，容易出现画面形象不完整，画面整体感弱。

（3）硬光照明缺乏过渡层次。硬光性质的光线明暗反差强烈，但缺乏中间区域的过渡层次，由亮部直接转为暗部，会使主体形象极为生硬，棱角过于明显。

（4）硬光照明无法修饰人物。硬光照明很容易突出表现细节，所以硬光照明是无法修饰人物面部的瑕疵，会将人物面部所有的缺点暴露无遗。

（5）硬光照明会规定画面的光线方向。在单幅的摄影作品中，光源方向并不是问题，但在影视艺术的创作中，由于镜头和画面组接的原因，画面的连续性是非常重要的，而硬光的方向性非常强，容易被观众识别出光线的投射方向。这就要求镜头在变换、切换过程中，保持光线投射方向的一致性，避免造成画面光线不一致，导致穿帮。

2. 软光的控制

如果我们用手电筒将手的影子打在墙上，在墙上会出现清晰的手影，这是硬光的典型特点；那么，当我们在手电筒前面放一张纸巾或一块白布，那么墙上的手影就会变得模糊，这代表着光线的性质已经由之前的硬光转为了一定程度的软光。所以，相对比于软光转化为硬光的困难，把硬光转化为软光则要简单得多。

那么常见的使光线变软的方式有哪些呢？

第一，增大（放大）光源的面积。硬光之所以硬，是因为光线的方向性单一、点状和明显，使投射的光线，形成非常明显的受光面、阴影面和投影，加强了物体表面明暗区分和对比，这是点状光源最典型的光线性质特征。那么为了获得软光效果，我们可以将点状光源变为面光源，就如同太阳被云层遮挡后投射的光线一样，光源由点变成了面，点状的硬质光源变成了散射的面光源。人工操作的时候，需要我们用相应的照明器材来实现，比较典型的器材有：柔光布、蝴蝶布、柔光箱、柔光纸、白旗和柔光伞等。

第二，缩短光源与被摄对象之间的距离。光线的形态质感与光线的投射距离直接相关，投射距离越远，光线的质感越硬，投射距离越近，光线质感越软。所以，在适当的条件下，缩短光源与被摄对象之间的距离能够有效地使光线的质感变软。当然，同样会提升被摄对象的照度条件，这需要适当地减少曝光系数才能够得到合适的影像。

第三，利用反射方法把光源打散。当直射的太阳光进入室内后，除了进光的门窗区域以外，室内的其余空间的阳光都会变得柔和许多，这就是太阳光进入室内之后不断地通过墙面、天花板以及各种室内物体表面的反射，使光线的投射角度变得多种多样。在影视照明艺术的处理中，根据需要，我们也可以利用这种多向反射的方式将光源打散。无论是自然光还是人工光，我们都可以利用诸如反光板、米菠萝等器材将光质较硬的光线通过反射光的形式改变为软光。当然，在处理时需要根据不同反光系数的材料材质，获得相应的光线软度，通常来讲从细密到粗糙的材料材质能够将光线反射得越来越软。

同样的，在软光的获得与使用上，也需要注意容易出现的问题：

（1）软光照明会使画面平淡，主体不够突出。软光照明会使画面中的各个形象和环境均匀地受到照射，各个部分的亮度等级是一致的，没有明显的反差，这会导致画面影调平淡，同时无法在照明上分出主次，无法突出主要人物和对象，那么主体的意义就被软光弱化了。

（2）软光照明对物体质感和立体感的表现比较弱。软光照明不会有明显的受光面、阴影面和投影的区分，会使被摄体缺乏明暗反差，所以对物体立体感和质感的表达是较弱的，对被摄体形象的表现依赖于被摄体的色彩及自身的明暗差异对比来完成。但软光适合表现光滑物体的表面质感。

（3）软光照明容易产生散溢的效果。由于软光是散射光，是从各个角度投射出来的，因此在使用软光时，我们不需要的地方也会有光线散溢出来，使得画面中的影调过于均匀，缺少暗部。因此在使用时，我们要将不需要的光线遮挡，营造出画面的暗部来丰富画面层次。

（4）软光照明不利于表现人物的内在情绪和内向空间。软光照明能很好地修饰人物的面部细节，使人物的皮肤看起来光滑、细嫩，让人物看起来光鲜、亮丽，但过小的反差会压抑人物的性格、情绪和状态，使人物处于一种平淡的不生动的氛围之中。

第三节　照明中光线的反差关系

一、光比

光是满足摄影曝光的基本条件，也是实现画面造型的重要手法。影视与绘画相同，都是利用光线来作画的艺术，也是利用光线在二维的平面载体上呈现三维空间画面的艺术。在素描中，我们对静物的表现会有不同的调子——高光、阴影和明暗分界线；同样的，在影视艺术中对被摄体也会表现它的受光面、阴影面和投影，这就是光线的反差。光线的反差构成了景、物、人与画面的立体感与形态感，照明工作者也通过光影来完成画面的造型。

1. 什么是光比

光比，就是光线的明暗之比，即画面中与各形象实体中亮部与暗部的受光比例，简称为"光比"。也可以理解为光比就是明暗的反差大小。假如画面中的所有光线亮度一致，照明平均，光线没有反差，那么，此时的画面光比就是1∶1；如亮部的受光是暗部受光的两倍，那么画面光比为1∶4，以此类推。

被摄物体在自然光及人工布光的条件下，受光面亮度较高，阴影面虽不直接受光或受光较少，但由于辅助光或者光线折射或散射的原因，仍然有一定的亮度，这时我们就可以用"受光面亮度/阴影面亮度"比例形式表示光比。

同时，光比也可以指对象相邻部分亮度之比，被摄体主要部位明亮与阴暗之间的反差。

光比是照明造型元素中非常重要的一部分，也是摄影的重要参数之一，光比增大，会使造型有力，线条强劲，具有很强的冲击力和感染力；光比减小，会使造型平淡，线条柔和，具有和谐的色彩对比和细腻的质感。

2. 光比的意义

对画面来讲，光比的意义在于画面的明暗反差。光比大，反差则大，反差大则画面视觉张力强；光比小，反差则小，反差小则柔和、平缓。光比的大小，决定着画面的明暗反差，形成不同的影调和色调构成。通常意义上摄影人所说的硬调即是高反差，软调即低反差。

光比对不同的形象主体而言也有着不同的意义。对于塑造人物来说，反差能够很好地表现人物的性格。大光比高反差会使人物显得刚强有力，小光比低反差则显得人物安静柔美。对于环境和物体，大光比高反差会显得质感坚硬，小光比低反差则会显得客观、平淡。

因此，推导光比的意义就在于，我们可以通过不同的光比去塑造不同的人物形象，或实现不同的画面影调。甚至通过光比的控制，可实现对同一个被摄体，表现出不同的影像状态和造型特点。造型永远是为主题服务的，同样一个人物，拉大光比则能塑造一个棱角分明、刚劲有力的人物形象，减小光比则能塑造出一位柔缓、慈祥、安静的长辈或老者形象。

在影视作品的创作中，光比往往是照明工作者与摄影师或者导演沟通的重要部分。照明工作者需要通过对剧本与人物形象和性格的把握，来思考塑造不同人物以及同一人物在不同场景下的光比处理，用光线去辅助人物建立性格与心理特征，从而更好地为剧情及主题服务。同时在整个画面的影调处理上，光比也具有积极的意义。

二、光比的测定和控制

1. 光比的测定

光比的测量可使用外置测光表以入射式测光分别测量暗部、亮部，比较光圈值即能算出光比。如亮部的测光表读数为F11，暗部读数为F8，两次测量快门与感光度不变，则光比为1∶2；亮面读数为F11，暗部读数为F5.6，两次测量快门与感光度不变，则光比为1∶4，规律为1∶2^（光圈级差）。超过一级光圈不足两级光圈一般定义为1∶3，这是在被摄体为人物时最常用的人物面部照明光比。

在摄影上也可以使用相机的点测光功能，反射式测光也能测量并计算出光比。测量暗部后，做光圈级差计算，方法同上，但要注意白加黑减。

2. 光比的控制

在影视作品的创作中，每一个镜头都要考虑对画面内容构成的处理，而对画面构成处理最直接的是用光线控制画面亮度与反差，也就是我们所说的光比。技术上的亮度、反差，实际上都与景物的反光率有着密切的关系。那么在设计画面的重要视觉元素时，要考虑影片的整体画面的亮度关系和反差关系、视觉中心自身的亮度关系和反差关系、主体与环境的亮度关系和反差关系。

就控制画面亮度而言，有几点是照明工作者必须考虑的：

（1）景物的质地、色彩、反光率的选择和控制。因为在影视作品的拍摄中期，原景物的亮度是一个相对不变的因素，亮了无法再压暗，暗了也无法再提亮。除非将原始素材进入后期流程后由后期和调色模块进行调色处理，但调色过程中对已经确实的亮部、暗部细节是无法还原的。

（2）测光是对高光点的控制和对暗部层次的有效控制。一般都是用亮度数值来有效控制，让某一景物亮度控制在曲线上的那一部分。

（3）对画面中有代表性的亮度点进行有计划、有目的的处理。例如：对人脸主光、阳光光斑、轮廓光、窗外景物、点光源等保持有效的控制，就能保持画面光线的统一。

控制光线，最终会体现在对反差的控制上，有几点是必须注意和考虑的。

（1）光线的控制、反差的调整，要切合主题内容的要求。

（2）光线的控制、反差的调整，要考虑曝光、密度和影像质量效果。

（3）同一环境自然光下的人物光线光比要基本统一，随着人物的运动、位置改变、人物与环境关系的变化，而带来的光线入射角和光比等变化要真实、自然，要合情合理。

（4）在影视整体创作中，要对全片光线创作进行设计，细致到每一场景和人物光线反差效果、反差关系、全片中每一场戏及其对应排列关系，都要有一个明确的案头设计。

人工光线的亮度控制，反差调节，对人物或场景的塑造和刻画，由于加入了创作者的主观创造、情感意识，从而显示出了人工光线亮暗反差控制的优越性，使这种光线设计更符合剧情的要求，更符合光比技术条件的宽容度要求，较自然光光线有着更强的可塑性、可视性、感染力和震撼力。

第四节　照明与画面的空间深度

深度，是突破二维空间的重要标志。现实生活中，深远的空间感，常与景物影调的深与浅、物体的大与小、色彩的浓与淡，以及光线的暗与亮有着密切的关系。

空间深度的展示同大自然中的太阳光线照射有着直接或间接的关系。一切景物存在于真实的现实空间中，它们位置不同，大小不一，错落相间。在景物与景物之间、景物与拍摄者之间，由于空间中介质的不同作用，如水气的浓淡、灰尘的多少、烟雾的大小等，加之光线的不同时间、不同入射角的照射，使景物与景物之间、景物与拍摄点之间，拉起了一层层淡蓝色的幕纱，给人以空间纵深的感觉。如果选择恰当的时间、合适的照明条件，这种感觉将更为明显。

一、空气透视的规律

空间深度的表现与空气透视有密切的关系，两者相辅相成。在现实生活中，人们总结出了一些空气透视的规律与现象：

1. 距离人们近的物体，感觉大，越近越大；距离人们远的物体，感觉小，越远越小。从影调上讲，距离人们近的物体，深而暗；距离人们远的物体，淡而浅，越远越淡，最后溶化在天边。

2. 距离人们近的物体，色彩饱和度高；远处的物体，色彩饱和度降低，越远饱和度越差。无限远处，各种颜色的物体，被空气中的各种介质笼罩，似披上了一层淡蓝色的外衣，同天际混为一体。

3. 物体的可见的外在结构形式，近则清晰，棱角分明；远则模糊，最终让人们无法分清其外在结构形式。

二、照明与空间透视

光线的入射角、方向、亮暗比例和色彩都与空间透视有着密切关系。

1. 选择合适的光线入射角

光线入射角，即光源与被摄对象两点之间所形成的直线与地平线间的夹角。太阳接近地平线时，入射角度小；太阳逐渐升高，光线入射角逐渐变大。一天中的光线入射角变化很大，为获得理想的空间透视效果，一般选择较小的光线入射角度，如太阳初升和太阳欲落时刻的光线或接近这个时刻的光线。这段时间拍摄，空气中的晨雾、水气、烟尘、暮霭等介质明显，能使透视效果增强。其他时间，特别是中午，太阳垂直于地面90度，空气中介质明显减少，反差增大，透视效果难以表现。

2. 确定光线方向

所谓光线方向，指光源在不同的位置上照射被摄对象。光线方向的确定，在实际的拍摄中，常分为三种形式，即顺光、侧光、逆光。光线从不同方向照射，画面内部的空气透视效果会有很大不同。顺光照明时，视角内的景物接受了顺光照明，前、后景物反射的亮度较接近。在这种情况下，景物色调比较单一，平铺直叙，前后景物没有明显的亮暗配置，空气透视感较弱。侧光照明，空气透视效果也不十分理想。只有采取逆光或侧逆光方向拍摄，画面内才会有明显的明暗影调配置。逆光照明，空气中的介质被强调出来了，使景物间层次明显，界限清楚，有浓有淡，有虚有实，有藏有露。逆光照明同样需要注意时间的合理选择与运用，一般常利用早晚或接近于早晚时刻的逆光拍摄，空气透视效果会十分明显，符合人们的视觉习惯和空气透视的规律，同时这种光线效果也富有浓郁的时间气氛。

3. 控制光线的明暗比例

光线明暗比例的控制，主要指镜头视角之内的景物通过光线（自然光或人工光）有目的地照明，形成一定的明暗比例配置，从而有效地通过影调对比，来达到强调空间透视的目的。根据空间透视的规律和视觉感受空间的特点，在画面上人为地利用照明形成影调对比。这种对比主要指照明的景物在画面上的整体对比和局部对比。近处景物对比要强一些，远处对比随着距离加大而逐渐减弱。局部对比要服从整体对比，尽量表现近强远弱、近暗远亮、近深远浅，人为加强视觉对空间的感受能力。

4. 色调冷暖的配置

色调冷暖的配置，指经过处理而展现在画面中的色彩关系给人视觉上的一种色感现象。色彩在形成空间透视上有它的变化规律，如近处色彩饱和度高，远处色彩饱和度低。由于光线和大气介质的作用，靠近镜头处的景物易偏暖色调，远处景物随距离增加而逐渐偏冷色调。所谓冷、暖色调，是指人眼的色感觉与温度感觉相互作用而形成的一种色感印象。自然界中，红、橙、黄等色给人以暖的感觉，常可同太阳、炉火、火焰等联系在一起；而青、蓝、紫等色常给人以冷的感觉，可使人联想到天空、月夜、凉爽的海滨等。在同一暗色调的背景上，暖色给人以靠近的感觉，冷色给人以推远的感觉。如果有目的地利用人们视觉对色彩的这种感受现象，就可以再现真实的空间透视和创造幻觉的空间透视。还可利用人工光线照明以及色片、色温的变化，进行色调的冷暖处理，达到再现空间的目的。

突出强调画面的空间透视，除了照明手段的运用之外，还可利用摄影、摄像的一些表现手法与形式。如选择多层景物和重复景物，人为利用景物的自身变化强调空间纵深，还可利用镜头焦距的变化、景深的控制、角度的选择等，线条也有再现空间透视的作用。

第五节　照明与物体的立体形状

任何物体存在于自然空间中，都占有一定的三维空间，即不但有长度、宽度，还有高度（有时也称厚度和深度），不同的物体具有不同的形状与体积。不同物体的立体形状又是由不同的点、线、面组成的，点成线，线成面，面成体。表现物体的立体形状，首要的是表现好物体的面。

首先，用恰当的视点角度展示物体的纵深线条，这是表现物体高度的必不可少的一个方面。同时要力求表现出物体的多面，有了多面就有了立体形状，没有多面就失去了立体形象。也可以说，立体形状之所以给人们以立体的感觉，唯一的特征就是它具有多面。呈现多面与拍摄位置有密切关系，如正面拍摄没有斜侧面拍摄立体感强，远距离拍摄没有近距离拍摄立体感强，因为近距离拍摄可造成物体纵深线条的急剧收缩。此外，合适的拍摄高度将有助于展示物体的多面。

除适当的拍摄角度与表现形式外，照明与物体的立体形状有极重要的关系，它是表达立体感的关键。光线能够在被摄体表面构成微妙的光影变化，真实而突出地再现物体的形状特征。例如光线可在物体表面形成受光面、阴影面和投影，通过光影的变化把物体的多面特征呈现在观众面前。

不同的光线照明形式，可收到不同的对物体立体形状的视感效果。

一、顺光和散射光

顺光和散射光，其投射方向与拍摄方向一致，物体的表面特征能全面再现。但是，由于镜头所表现的物体表面照度相等，明暗变化小，所以，物体的立体形状不突出，给人以平的感觉。

二、侧光和斜侧光

侧光和斜侧光的投射方向能够与拍摄方向构成一定的角度，使物体表面有不同照明效果，不但有受光面，而且有阴影面和投影。物体表面的阶调也有了变化，显示出了物体的立体形状。运用侧光或斜侧光照明对表现物体的立体形状很有利，能收到明显的效果。

三、弱光与强光

弱光照明，被摄体表面明暗变化不大，投影不明显，光线柔和，画面阶调变化细微，有一定的质感。强光照明亮暗间距变化大，有较强的反差，物体的面与面、亮与暗的衔接处十分明显，影调的跳跃幅度很大，物体有较强的立体感，但有时受胶片或磁带的宽容度限制，物体质感的表现会受到影响。两者从表现物体立体形状来讲，弱光不如强光；从表达质感来讲，强光不如弱光，各有利弊。

四、逆光照明

逆光照明一般不长于表现物体立体形状，只能表现其轮廓特征，有时会出现剪影和半剪影效果。如果采用高于被摄体的拍摄位置拍摄，能表现出被摄体顶面局部的形状。用逆光照明，一定要注意拍摄高度。

第六节　照明与物体的表面结构

表面结构就是物体的表面质感，质感就是人们对物体表面质地的某种感受。生活中人们能通过视、嗅、听觉的感觉互补，正确认识物体以及物体表面质感。但对电视表现来讲，质感则完全靠视觉来单一感受。如果电视画面能够逼真地表达物体的质感，就可以增加画面的真实性和可信性，给画面带来生命力。

不同的物体具有不同的表面特征和不同的属性，这种特征和属性主要靠光线来描绘和再现。

物体的表面结构通常分为四类：粗糙的、光滑的、透明的和镜面的。

一、粗糙的表面结构

如老人的皮肤、干裂的土地、枯竭的河床、荒漠的草原和砖石、木料、房屋、墙面、皮毛等。这类景物和物体的表面结构特点是：凸凹不平，有规则和不规则的高低起伏变化。它们的反光特性是将投射来的光线呈漫反射状态，表面亮度均匀。这类物体与景物用侧光照明较适宜，能使表面细致的起伏部分呈现出不同的影调，使粗糙的表面结构的特点更为明显和突出。

二、光滑的表面结构

如金属制品、油漆的木器、各种瓷器、丝绸等物体和儿童、妇女的皮肤等。它们对光线呈混合反射，按一定的角度形成柔和的闪光，闪光部位比周围亮度要高得多，这就与粗糙表面结构的物体有了很大区别。这类物体在拍摄中，要选择能见其闪光的位置，同时宜用散射光照明，提高景物表面的普通亮度，降低闪光部位与周围表面亮度的差距，对质感的表达，能够起到很好的作用。

三、透明的表面结构

如瓶子、茶酒具、各种玻璃等。这类物体对投射来的光线呈单向反射和折射，在物体表面呈现规则和不规则的亮度不均的光点、光斑。拍摄时最好用侧逆光，让光线穿过透明体，显示其特点。同时，在物体正侧面要有柔和的辅助光，以保证正面质感的表达。拍摄这类物体，不宜使用过多光源，防止在物体表面和内部出现反射和折射的过多光斑，光源最好用柔和的散射光或弱光，在室内使用人工光源拍摄时，更要注意这一点。

四、镜面的表面结构

如镜面玻璃、电镀物体、抛光金属等。它们对投射来的光线呈单向反射，使物体表面或局部产生亮度很高的亮斑，周围部分却几乎没有什么亮度，两者构成较大的亮暗差距，使得胶片或摄像机无法正确记录下物体表面的亮暗层次。拍摄这类物体时，要选择有较好反光能力的环境，还可在这类物体周围选择和配置有明亮色调的物体，使其在镜面物体周围形成反射光或明亮不均的有层次的局部亮点和亮块，增加周围暗部的层次。同时宜采用柔和的散射光线，拍摄时不要过多地避开耀斑，否则就会表达不出这类物体的特点了。

第七节　电视照明与摄像轴线和光线轴线

轴线，在导演和摄像创作中通常指"被摄体的视线、运动方向或被摄体间相互交流的位置关系所构成的一条无形的直线"。这条直线，制约着导演的场面调度和摄像机的运动，限定着被摄体和摄像机的活动范围。

一、摄像轴线的运用规律

第一，同一时间与场景内拍摄连续性较强的镜头时，摄像机主角度所在的被摄体关系线或方向线一侧180°范围内，摄像机可进行各种运动，可以任意改变视点角度，不会造成观众视觉以及被摄体方向上的混乱，始终能保持被摄体关系清楚，空间位置准确，并能构成被摄体之间、被摄体与环境之间的空间统一感。

第二，轴线通常有两种：一是由被摄体面向或运动方向产生的方向轴线，二是由被摄体与被摄体相互间的位置关系产生的关系轴线。这是人们经常接触到的较为简单的两种轴线，摄像机的主角度一般只能活动在轴线的某一侧内。

第三，不能轻易越过轴线或穿越于轴线两侧。但有时为了丰富画面效果和充分发挥摄像机角度的作用，仍可合理越轴。

1. 在两个方向、位置不统一的镜头中间加入一个空镜头或骑在轴线上拍摄的镜头；

2. 在镜头运动之中向观众交代越轴的过程；

3. 通过画面中人物自身的运动来改变原来方向的位置关系；

4. 使用人物特写镜头进行过渡或特写镜头中人物的动作改变原人物的方向和位置关系等。

以上做法，能有效弥补由于越轴带来的人物动作方向和位置关系的混乱。

二、光线轴线的形成

光线轴线是光的投射方向与被摄体形成的一条无形直线，有时人们简称它为"光轴"。如图 6-13 所示，方向轴线制约着摄像机的拍摄角度，不能随意越过方向轴线，人物视向或运动方向由右向左；光轴则告诉观众现场的太阳光线在人物的右侧前方。

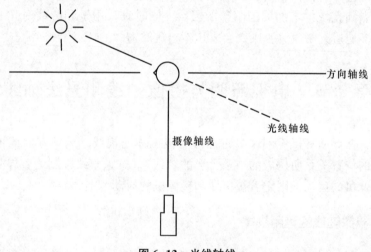

图 6-13　光线轴线

在实景中拍摄，自然光照明的方向性很强。直射光照明时，在场景和被摄体表面形成明显的受光面、阴影面和投影；散射光照明时，虽然光影变化缓和一点，但光线与被摄体之间的关系、光线的大致投射方向还是存在的，也就是说，光轴也存在着。进入室内后，人工光线的各种布光效果均来自对生活的真实提炼与模拟，照明布光比较注重用光依据与用光逻辑，一般是有"感"而发，有"光"可依，在场景中寻找可以模拟的光源对象。一旦有光源存在，那么光轴也就自然而然地存在了。

三、光线轴线的规律

光轴的规律是建立在自然的客观规律基础之上的。了解光轴的规律，有助于我们在照明用光设计时准确而有效地把握光线的方向、高度、投影的位置以及镜头的流畅过渡。

1. 自然光每时每刻在发生着变化，主要体现在入射角的大小、亮度的高低、反差的强弱、色温的高低上。这种有规律性的变化，不时会受到地理条件、气候、季节、时间的影响。地理条件影响指纬度高低与日照强度的变化；气候影响指天气的阴、晴、昙、晦以及雾、雨、雪、霾的变化；季节影响指春、夏、秋、冬悬殊的照度变化；时间影响指随着时间变化，太阳不断产生位移，其光照射在同一个被摄体不同的部位上。

2. 光线的各种各样变化，也意味着光轴同时发生各种各样的变化。在实际拍摄中，这种变化如果体现在画面的不间断展示之中，对观众理解画面无疑会起到积极的帮助。但如果这种变化出现在画面之外，也就是上一个镜头刚刚结束，而下一个镜头又没有开始，这样会造成观众对画面以及光线理解上的混乱，难以实现片子的和谐统一。特别是一些故事与情节连续性较强的画面，光轴的变化来不得半点含糊。

3. 在按动摄像机快门之前，场景内光源同被摄体已形成了一种不能随意改变的关系，这种关系一旦经过镜头向观众作了交代，那么被摄体的位置、相互间的关系、光线与被摄体的状态等就不能再调整了。所以说，导演的场面调度和被摄体自身的运动应该准确和清楚。这种运动讲究动静结合，所谓动，指被摄体与镜头的运动，交代着一种光轴的变化和场面调度的变化；静，则指一切运动开始前和运动结束后的视觉适应以及必要的光源与被摄体关系的交代。动与静的巧妙结合，不但体现了镜头运动的美感，还体现了创作者借助动和静巧妙地解决了光轴变化的问题。例如，一些运动较复杂、方向变化较大的镜头，除了必要的起幅镜头之外，必须有落幅镜头，落幅对承上启下关系重大，它可对镜头的运动结果有个交代，能使变化后的光线轴线、方向轴线和关系轴线清晰地展示在观众面前。

4. 段落之间、两组镜头之间的转场镜头，如果采取的是渐隐、渐显、化出、化入的方式，则表示时间过程、空间转换和时间间隔。在镜头与镜头的处理中，光线可以跳跃不接或发生重大变化。

四、光线轴线与摄像轴线

光轴的运用规律与摄像轴线的运用规律基本一样，光轴主要依附于摄像轴线而发挥作用，但在某些特殊情况不，光轴却有其特定的作用。

在实际创作中，光源和被摄体之间形成的光轴越接近于摄像轴线，即图6-14中，接近于0°角时，光位、明暗、色调就越统一，视觉感受就越趋于正常，完全可以用处理摄像轴线的方法来处理光轴。但当光轴远离摄像轴线，即大约90°角时，我们依然按原方法处理镜头的角度，在方向轴线一侧180°范围内随意运动并进行画面的组接，虽然并没有越过摄像轴线，只是把接近方向轴线的1号机和2号机拍摄的画面相组接，观众就会明显感觉到两个画面的跳跃幅度和影调差别太大，令视觉有不适之感。图中1号机拍摄的镜头，光线来自画面左边，5号机的来自右边，如果在1号机和5号机中间，加一个骑在光轴上的3号机位所拍摄的画面，就能够使画面过渡流畅，就不会令视觉有不适之感，也就解决了画面影调过于跳跃的难题。我们仍以图6-14为例，拍摄有明显方向性变化的被摄体时，影调变化再大，视点距离再远，镜头没有越轴，被摄体的方向性和位置关系就是统一的。如果我们拍的是没有方向性特征的一个足球或一个乒乓球，同样把1号和5号机拍摄的画面组接在一起，因为两镜头分别来自光轴两侧，也会造成光线方向性的混乱。所以说，光轴离摄像轴线越远，越不能忽视光轴的存在，要审慎对待。

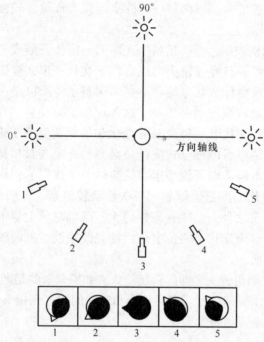

图6-14 光轴与摄像轴线大约成90°时各视点观察的人头部影调变化情况示意图

五、光线轴线的合理使用

电视照明的特点之一就是具有时限性，这是由一部片子的制作周期、经费预算等因素决定的。除此之外，剧情时间的发展与现场拍摄时间的过渡始终是一对矛盾，创作者应力求与自然时空同步，但往往力不从心，常常"事与愿违"，出现了上一个镜头与下一个镜头两镜头中间间隔时间太长以及光线入射角、亮度、反差上的不同与差异。这种不同与差异造成了视觉语言表达上的不流畅、视觉感受上的不连贯和镜头与镜头衔接上的跳跃。这种问题的出现，主要是创作者对光轴把握的失误造成的。按照一般要求，情节连贯性较强的上下两个镜头不应出现上述问题，而应给观众一种镜头与时空同步进行的感觉。做到这一点绝非易事，只有现场实况转播或实况录像才能做到。那么，怎样才能不"穿帮"地做到这一点呢？

1. 时间的选择

一天中时间变化最快且十分不稳定的时间是日出前、日落后和太阳初升、太阳欲落之时刻。在有情节贯穿的镜头中，一切准备工作应尽量在此之前完成。到达拍摄现场，所有部门的工作都进入"执行"阶段，来不得半点延误。上午和下午，光线的亮度、反差、色温等变化较小，不会出现明显的差异，不易被人的视觉感知，是电视拍摄的客观条件比较稳定的一段时间，可供创作者进行适当的现场选择和提炼。

2. 补拍与借位

由于段落镜头较多或技术与艺术创作上的失误，经常要补拍一些镜头。补拍镜头在场景、情绪、气氛、节奏、色调方面应与原段落的要求相吻合，特别是在光线效果方面，要取得有机的衔接。衔接效果的好与坏，主要体现在以下几点：

第一，时间的对应；

第二，光线方向的统一；

第三，入射角的大小一致；

第四，反差与亮度的协调；

第五，受光面与阴影面比例的把握。

另外，采取借位补拍的方法，能缩短时间周期，取得一致的画面效果。例如，我们在拍摄电视纪录片《阿原版纳行》中傣族青年举行结婚仪式的一场戏时，由于现场参加拍摄的人多，场面调度复杂，镜头很多，第一天没能按计划拍完（当时的时间是下午 3 时左右，已不适合继续拍摄了），只能第二天补拍。当时拍摄日程较紧，不可能等到第二天下午拍，我们决定利用上午 9 点钟补拍下午 3 点钟的镜头，这两段时间光线的入射角、亮度、反差等正好比较接近，但光线方向却与原要求相反，我们采取了通常的借位方法，使光线始终来自被摄体的一个方向，不会出现光线越轴现象，同时又处理了由于借位造成的环境不衔接问题。这种借位方法在环境特征不明显、景别范围较小的情况下使用较好。借位方法用在补拍方向性较强的运动镜头时，一定要注意光与影的位置，否则在被摄体方向轴线不变的状态下，也会出现光影的不一致，受光面一会儿在被摄体前面，一会儿又到了后面，一会儿在左边，一会儿又到了右边，造成视觉上的极度混乱，出现时间割裂的现象。

3. 越轴与合理越轴

越轴即人为背离轴线规律，造成视觉上的不适和方向上的相反变化，以及光线方向的"摆动"。在电视创作中，人为地越轴常常是出于一种特殊的要求与想法，比如主题需要造成一种时间错位、表现人物精神非正常状态、现场光影交错变化或表现一种紧张状态等。

合理越轴与越轴不一样，它使画面中镜头、光线方向、角度在轴线两侧的来回变化尽量变为合理，在跳跃幅度较大的两个镜头中间加入一个中性即过渡镜头加以缓和，这种方法在前面已谈过。处理好越轴，使其合情合理，能获得以下效果：

第一，场景由封闭式结构转变为开放式结构；

第二，增加镜头的视点，开阔观众的视野；

第三，追求全方位立体的现场表达方式；

第四，场面调度更富连续性，能形成流畅的视觉语言；

第五，多角度不同照明状态下展示被摄体，具有"全描"效果。

★ 本章思考与练习题 ★

1. 光线与角度、质感、反差的关系是什么？

2. 画面造型包括哪些主要内容？

3. 如何利用光线表现画面的空间感和透视感？

4. 哪种光线形式适合表现物体的立体感和质感？

5. 什么叫摄像轴线？其运用规律是什么？

6. 光线轴线是怎样形成的？

7. 摄像轴线与光线轴线的关系是什么？

第七章　外景自然光照明

★ 本章内容提要 ★

在外景照明中，要明确电视照明创作的主要任务。避免出现重内景照明而忽视外景照明的现象。

直射光照明的三种形式的主要造型优势是能强调物体的立体感、质感和空间透视感。

把握好夜景拍摄的良好时机，创造真实的夜景气氛。

利用雨、雪、雾天特殊的光线效果，形成丰富的画面语言，增加画面的艺术感染力。

反光板是外景与内景照明中光线造型的重要工具。

外景自然光照明，是指在室外拍摄电视片的一些场景时，主要依靠太阳的直接和间接照明，有时也需要一些人工光对场景和人物进行局部修正和光线调整。

在一部电视片中，外景占有较大比例。当导演和电视节目制作者把外景的一些场景作为情节展现、事件发生现场来运用时，对外景的环境就有了特定的要求。对电视照明来讲，也就有了外景照明的实际意义。通过照明，创造和再现出特定的环境气氛、与主题和剧情密切相关的时代气息、符合情节要求的地方色彩和时间特征。

外景为摄像机镜头提供了自然、真实、广袤的四维空间。四维空间常指空间与时间，空间是三维的，而时间则是一维性的，在不断地运动与流逝。外景照明就是在这样一种特殊情况下进行的。外景照明受客观条件限制很大，许多因素不以人的意志为转移，一年有四季，天气有阴晴，地球的自转使光源不能始终停留在相对的空间某一点上，这些客观变化规律，直接给外景照明带来了复杂影响。所以外景照明必须按照自然界的变化规律来选择适当的时间、创造适应的条件，为剧情和主题服务，这是外景照明的一个特征。

第一节　外景自然光照明的特点

一、自然光照明的规律变化

地球自身的转动，使照明条件发生规律性的变化。光线的入射角和景物的光影随时间的推移，而发生规律性、周期性的变化。光线入射角由平行照射逐渐变大，当达到垂直于地面照射后，光线入射角逐渐变小，变成在景物或物体的另一侧的平行照射，物体的投影由长变短、由短变长。光线的色温也有规律性的变化，入射角小时或平行照射时，长波光增多，色温偏低；入射角逐渐变大时，色温随之升高；入射角转而变小，色温随之降低。照明强度也有由弱变强、由强变弱的过程与规律。归纳起来就是：

光线入射角：由小到大、由大到小；

物体的投影：由长到短、由短到长；

光线的色温：由低到高、由高到低；

光线的反差：由小到大、由大到小；

光线的亮度：由低到高、由高到低。

二、在光影变化中寻找最佳创作效果

电视剧的剧情与主题来自现实生活，电视剧以生活为基础，是对生活的高度提炼。剧中人物的感情表达与交流，常常在真实的环境、时间、空间中进行。也就是说，任何剧情的发生和发展都同具体的时间、空间相联系。时间是"流动"的，光也在时刻变化，符合要求的照明时间在每一天中可能很短，这种强烈的时间性照明给创作者的工作带来很大的限制。

三、面上照明的利弊

在外景照明的一个相对的时间范畴内，光源给予场景和物体点与面、近处与远处的照明亮度基本一致，而且面积之大，范围之广，照度之高，是内景照明所不及的。这种统一性对于外景照明来讲，有利有弊，利在光源的普通照射能较全面地反映场景以及物体的特征、外貌，同时能够满足摄录技术对光线亮度的要求；弊在"一视同仁"，不能重点突出主要场景以及主要对象，景物在剧情表达上具有同等地位。

第二节　外景自然光照明的任务

一、对自然光进行选择

不是所有自然光照明效果都符合创作要求。剧情对场景、环境、照明及光线条件有直接、间接或具体的要求，需要对自然界光源的照明以及天气条件进行选择。如直射光照明的晴天，散射光照明的阴天或半阴天，天光照明的日出前和日落后，特殊天气的雨、雪和雾天，富有意境与气氛表现的日出和日落，形状各异和薄厚不均的云等。选择合适的光线照明条件，是主题表达、气氛再现、意境抒发的关键。

二、弥补自然光照明的自身缺憾

自然光照明的特点是面上照明有余，局部重点照明不足，许多场景与镜头需要人为地进行修正与处理。其表现为：
1. 背景太暗而失去层次；
2. 需要表现的线条不明显；
3. 前景过亮而失去透视；
4. 局部需要突出和强调的东西却被置于阴影部位等。
这些都需要适当的照明处理来加以弥补。

三、人为调整自然光的反差

在自然光的直射光照明中，摄像机对于自然界的高反差现象十分敏感。很多情况下，不能正确记录其亮暗层次，有时会出现失真现象，需要用人工光线进行辅助、修饰照明，加强其暗部照明亮度。在散射光照明的天气中，又需用人工光线提高某部分景物的亮度，加强其亮暗对比。这种反差的合理调整，是外景照明中的主要任务。

四、被摄体暗部偏色的校正

偏色常指景物或人物在照明不足或不均匀情况下产生的颜色不正常的现象。在自然光照明下的大面积阴影部分和逆光照明下的人物脸部（或暗部），常会出现这种现象（当然，除此之外，如人物自身的衣服偏色，还有周围环境的红墙、草地、麦田等也会造成偏色现象，有时照明无法真正弥补或有效调整），这就需要加光或进行适当的辅助光照明，从而达到色彩谐调、不跑色不偏色的目的。

五、模拟和再现特殊的光线照明效果

特殊的光线效果常指湖光的波动、行驶的车中人物和环境的忽明忽暗、阳光透过树的间隙在地面和人物脸部闪动的光斑、风雨欲来时的雷声闪电等。这些特殊的光线效果，有时同剧情及人物的特定心绪有密切联系。对此，自然光的照明往往不能准确、完美地加以再现，这就需要调动照明人员的用光手段，进行模拟照明。

六、再现真实的夜景气氛

夜景除在直射光照明的白天和真正的夜间拍摄之外，大部分要在日出前或日落后一段时间内拍摄，这样能获得真实的夜景气氛。为了模拟外景中的真实光线来源，除利用天空有限的照明之外，主要要加用人工光线照明，工作量较大，是外景照明中艺术创作要求比较高的一项任务。

第三节　直射光照明

直射光照明，通常指太阳没有被云雾和空间中的介质遮挡，直接把光线投射到地面上，自然界中的景物和物体的表面有较明显的受光面、阴影面和投影。也可以说，直射光线有明显的光线入射角。

直射光照明情况下，如果注意时间、光线不同入射角的选择，就能较好地再现时间概念、气氛效果、立体形状、表面质感、空间透视等。直射光具有丰富的变化，但受时间、地理条件、场景环境的影响，光线条件会发生很大差异和不同并使其复杂化。仅以一天内的时间变化来看，就可有许多不同的光线照明效果。如太阳同地平线所处角度不同，画面效果也就不同，意境气氛也会不同。为了能找到直射光变化的规律与特点，为了寻找到比较适合于主题内容表现的时间及效果，我们把一天分为几段加以分析，如图7-1所示。

从图中可看出，地球的自转使太阳在不同时刻处于地球上空的不同位置。大致可分为五个时段：早晨、上午、中午、下午、傍晚。其中一些时段，太阳的照明效果基本相同，如早晨和傍晚，上午和下午。为了便于分析和研究，我们大致把其划归为三个时段进行探讨。

一、太阳初升和太阳欲落时段

图中0°至15°和15°至0°角这个范围，通常被人们称为太阳初升和太阳欲落

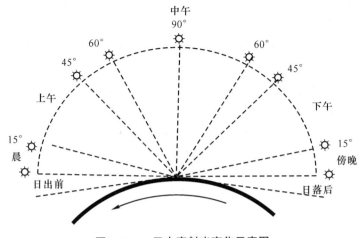

图 7-1　一天中直射光变化示意图

时段。这段时间的光线很有特点，太阳的光线要透过浓厚的大气层，穿过晨雾和暮霭照射到地面上。由于空气中介质的作用，到达地面的光线被大量散射，光线比较柔和。但是，地面上垂直的景物受光面相对来讲照度高、亮度大；而一般的景物则受光少，反射和散射光能力差；垂直于地面的物体的背阴面得不到充足的辅助光照明，与受光面的反差较大。再者，被太阳照射的景物和地面上没有被照射的一般景物，也有较强的亮暗差距和反差。由于太阳近似于平行照射，它同地面所成的入射角小，照射角度低，地面上物体的投影比较长。一天中这段时间的色温比较低，变化比较大，光线中多橙红色的长波光，色温在2800K 至 3400K 之间。这时如能站在逆光的角度登高远眺或俯视，就可发现各种景物透视效果强烈，近浓远淡、近深远浅的效果十分明显，大部分景物周围被晨雾、暮霭所笼罩，它们的外表似乎都披上了一层纱，朦朦胧胧，有藏有露，有虚有实。除地面景物之外，天空上的云彩也形状各异，在逆光的照射下，有的风姿翩翩，有的轻柔飘逸，有的浓云密布，有的蓬松散漫，它们有时沉寂不动，有时飘浮不定。

综上所述，太阳初升和太阳欲落时刻光线有以下几个具体特点：

1. 照明条件不稳定；

2. 时间短促光线变化大；

3. 明暗对比明显亮暗间距大；

4. 地面被照明物体投影长；

5. 光线偏暖色温偏低；

6. 近浓远淡透视层次明显。

太阳初升和太阳欲落时段的光线，在电视剧中有时具有象征意义和喻意色彩。电视剧《走向远方》的结尾镜头是男女主人公沿着山坡小路向太阳的方向走去。金色的朝霞，半掩在小路尽头，山的那边，两人深色的身影映衬在远方橙红色的天幕上，此时此刻早晨光线的运用，具有深刻的含义，剧情与主题在观众的回味中得到了完美表达。4集电视连续剧《今夜有暴风雪》中，工程连战士大部分都回城过春节了，只剩下裴晓云一人。傍晚她怀抱唯一能给她安慰的小狗，悲凉、孤独地出现在广袤无垠的雪野上，伴晚霞缓缓而行，深色的身影依托在天空中，时间和光线表达了主题未直接表达的深切含义，让观众油然产生同情心理和展开丰富的联想……傍晚对一个人来说，是思维最为活跃、情感最易波动的时候……远方，千家灯光，万家团聚，母女相亲，姐妹相依；眼前，冰天雪地，只身一人。这是命运？还是天意？这里光线合理的运用，具有很强的喻意色彩。

在电视照明创作中有"二次着色"之说。"光色可以统一和协调画面中所有可视形象的色彩，对场景中的布景、服装、化装及道具进行'二次着色'，如果借用绘画的语言，就是光把画面上的东西都统一在一个'调子'里了。"① 电视剧《南行记》三部曲之《边寨人家的历史》和《人生哲学的一课》中，也大量选用太阳初升和欲落时的光线照明，经常会看到清晨暖黄色的太阳刚刚露出地平线，大地上的万物都被涂上了一层暖暖的金色，整个画面都被这种色调笼罩着。使光线照明效果与剧情紧密地结合在了一起，光线所形成的特有的视觉语言丰富了画面的表现力。

这段时间较利于表现浓郁的气氛。可充分利用天空亮而地面相对暗的特点，把地面上有特点、清晰、简练的物体线条衬托在天空彩霞中，形成光线照明的剪影半剪影效果，用光线强烈的反差对比，突出景物的线条或人物的身姿、轮廓等。电视艺术片《啊，草原》，用远方橙红的亮色调衬托地面上行进的牛车和马匹、野炊的炉灶、弹马头琴的人等陪衬在天空上，较好地抒发了作者的感情，表现了浓郁的生活气息。

这段时间的光线有利于表现剧情的时间概念。光与影不但能反映物体的形状和景物的空间透视，还能通过光影的多少、大小、长短变化表现时间概念。太阳初升和欲落时刻，由于太阳与地平面所成角度比较小，所有被照射的物体都有很长的投影。影子可以增加画面构图的新意，同时可以给观众造成强烈的时间概念。如上学的儿童、上班的工人、晨练的人们，影子可形成视觉语言，丰富剧情的表达和艺术的表现力。影子的表现有直接、间接两种。直接表现即"那种与投射物体直接连结在一起的阴影"，有影亦有物。这种直接投影能交代时间概念和物体富于变化的影子形态，它"能把这些生命体形状以及它们的一

---

① 李兴国、徐智鹏、张林等：《电视剧照明艺术论》，中国传媒大学出版社，2013。

举一动都逼真地再现出来，但它们自身却是透明和非物质的"。① 观众对物体的"弦外之音"的想象，一般局限在造成这种影子变化的物体或光线本身。间接投影一般较含蓄，应用范畴较广，写意效果较浓，有时影子在一些镜头中为主要表现对象，能给观众的想象提供余地，借以丰富剧情和主题表达，如人的脸上树叶的晃动，地面上各种物体"变形"的长长投影，平行照射的光线洒落在门窗上造成室内墙壁上门窗的投影等。

按照内容和情节要求，在这段时间内拍摄以人物神情为主的画面时，要注意对光线进行选择处理：顺光照明时，人脸表面质感细腻，有柔和的过渡层次；侧光照明时，由于光线近似于平行照射，造成的脸部投影不理想，阴影会出现在人物脸上暗部的颧骨部位；逆光照明时则需加用人工辅助光照明，缩小画面明亮的轮廓边缘同暗部的亮暗差距。

太阳初升和太阳欲落时段的光线运用，贵在变化，贵在有新意，贵在同剧情要求相吻合。要防止在照明上的"格式化"运用，也就是说，不一定绝对地以太阳为拍摄对象，要避免千篇一律（不反对以太阳为拍摄对象，但不能每当剧情需要表现早晚时，镜头总是离不开太阳）。如果在用光上细心观察、认真思考、勤于总结，就能经常地受到启迪。许多在一线工作、创作的同志，经过大胆的探索，创作出了许多间接运用早晚光线的成功例子。

电视剧《南行记》的导演、摄影和照明共同确定了以暖调的自然光拍摄为主，并追求自然光效下的诗意和美感。导演在创作构想中曾说："要用光构图，用光作画。不是还原自然，而要表现自然，创造自然。""主要外景，我倾向选择在早晨和黄昏拍摄。"该片摄影在摄影阐述中也说："在表现 20 世纪 20 年代的边寨时，尽可能地采用早晨的光线及日落时的光线。"早晨和日落时的光线"是云南最有特征的日照。这时的画面光线明媚而柔和，光影很长，富有生命力，加上暖调的效果，这样就比较好地创造了一个气氛。它既准确地表达了当年年轻的艾芜对云南边陲的印象（带有浪漫色彩的），同时也为阿星阿月一家的传奇故事和人物命运冲突创造了适当的气氛。"②

如电视剧《今年在这里……》中傣族女青年在傣楼外会见缅甸男青年一场戏，就是利用傍晚夕阳的逆光拍摄的。木质傣楼沐浴在金色的夕阳之中，远方的凤尾竹若隐若现，大自然显得遥远而宁静、美丽而迷人，不时从草丛中飞出的一只只小虫也被光线勾勒、表现得十分真切。光线的设计，使整个环境洋溢着友好的和平气氛，令人们不由回忆起中缅之间古老而悠久的历史与友谊。又如一些电视片中，大面积浓密的树林中投射进的一丝微弱的霞光洒落在地面上，

---

① 　鲁道夫·阿恩海姆：《艺术与视知觉》，滕守尧译，中国社会科学出版社，1984，第 432 页。

② 　四川电视台：《南行记——从小说到屏幕》，中国电影出版社，1994，第 181、189 页。

晨光中溪水荡漾、树梢上夕阳流淌……这些富有变化的光线运用，饱含着创作者精心的设计、独特的想法、认真的构思，同时，也给画面留下了让人品味的余地。

早晨和傍晚的日光光线也常被"引用"到室内节目制作中来，利用演播室的人工光线在天幕上模拟自然光早晨和傍晚的光线效果，用以增加节目的时间状态、浓郁的气氛、视觉的审美效果和节目的情感追求。

在电视剧室内戏拍摄中，早晨和傍晚的自然光光线也常被"临摹"使用，凸显这段时间光线的魅力、特色、隐藏在剧情之中的"话语"。电视剧《大宅门》是一部现实主义的作品，这部戏在表现复杂生活中的家族事业、人物的兴衰史同时，展示了较强的生活气息。一些模拟上下午接近早晨和傍晚的光线，利用光束投射的方式，一反常态的用来营造"山雨欲来风满楼"的气氛。比如在表现白家与詹王爷家围绕大格格怀孕的争斗中，很多场景都出现了比较强烈的光束。当时两家看似平静的背后却隐预着家族的矛盾与危机，冲突在不断的酝酿之中……强烈的光束预示着潜在的冲突。

早晨和傍晚的光线有共性也有一定差异。早晨光线纯正、清新，所含杂质少；傍晚光线受暮霭和大气中灰尘影响，被介质一定量地散射，比较浑浊；由于色温和大气影响，早晨光线常为橙红色调，有时稍偏蓝色，而日落时光线常为橙黄色调，色调比较浑厚。从反差来讲，早晨光线反差比较明显，有一定的亮暗对比，傍晚光线则较柔和，反差缩小，对比不明显。

二、正常照明时段

太阳由 15°升至 60°和由 60°降至 15°这两段时间，常被称为正常照明时段。这段时间是正常生活的人们上班、工作、学习的时间，光线条件比较稳定，同早晚光线相比差别较大，可用于拍摄的时间比较长，光线照明亮暗基本适中，给创作者选光、调光较充裕的时间。此时段的光线入射角度在 45°左右时，被摄物体有明显的受光面、阴影面和投影，地面上的反射光和天空中的散射光相互交织在一起，在被摄体周围形成了明亮而柔和的散射光，能够给予景物或物体没有被直射光照明的阴暗部位以辅助光照明，使被摄体明暗反差鲜明而正常，影调层次丰富而柔和，物体的立体感和质感都能正确表达。有时为避免反差大，也可加用适当的辅助光照明。正常照明时段的光线色温在 5400K 左右，持续时间较长，每天上午和下午两段时间相加大约 5 个多小时，是拍摄整场戏或整段镜头的最佳时机。根据剧情的需要和照明光线的整体设计，可调动一切用光手段，来完成对剧情以及被摄对象的完美表达。

三、顶光照明时段

太阳在 60° 至 90° 和 90° 至 60° 范围内的时段被称为顶光照明时段。这段时间的光线在外景照明中较难处理。此时太阳的位置几乎同地平面垂直，光照度比较强烈，尤其景物的顶面和地平面亮度很高，而垂直面受光少，物体的投影较短。由于投射来的光线规律地呈现自下而上的反射，使得物体的阴暗部分和垂直面接受散射的补助光较少，所以反差比较大，受光部分和阴暗部分的层次与质感不能得到正确的表现。有时由于摄像机宽容度小、纳光限度狭窄，还会造成失真和变形。

一般来说，人们在这段时间里情绪比较低落，精神状态不佳，生活和工作的节奏缓慢。在电视剧制作中，除特殊情况和要求外，一般较少利用这段时间。因为如要拍摄以人物为主的画面，顶光照明对人物的面部造型以及形态会起歪曲丑化作用，人物的头发、额头、眼眶、鼻尖、下颚等部位接受了照明，而脸部其他部位会有明暗差别极大的投影，呈现骷髅状。

顶光照明固然有它的不足，却并不是说在这个时间里一律不能拍摄。考虑到电视艺术的制作特点，如制作周期短、时间紧，如果能认识、熟悉和掌握顶光照明的一些特点并加以弥补、处理，还是能够化不利因素为有利因素，较好地运用这段时间的光线完成剧情表达。

那么，采取哪些方法进行弥补与处理呢？

1. 外景拍摄时选择多层、重复景物，强调层次关系

尽量选择、充分利用多层景物和重复景物，形成景物自身多层、重复排列的透视线条，利用顶光照明和俯角度拍摄，让物体明亮的顶面同后面物体垂直面的暗部相重叠，形成明显的轮廓光条。这时人们会惊奇地发现，景物的前后层次透视关系出现了。多层景物和重复景物的选择与利用，加之顶光照明，人为地起到了强调作用，强化了空间透视效果。

2. 避免骷髅状，以人脸暗部或亮部曝光

人为打破脸部中午正常状态的"骷髅状"，使人物脸部主要部位或置于明亮状态或置于阴暗状态，同时按被摄体主要部位脸部测光和定光。如果调整后脸部处于阴影部位，顶光照明就有高逆光效果，反而可有效地勾画被摄体的轮廓线条。

3. 人为改变顶光投射状态

顶光照明时段，空气中水蒸气少，亮度高，亮暗差距大，可利用遮光方法弥补其不足。遮挡方法一般有两种：一是大面积遮挡光线，如利用白布（纱布、绸布、丝纱布等）把拍摄现场遮挡起来，变直射光的顶光照明为散射光照明，使整个场景变得亮度均匀，反差柔和。有时还可以在被遮挡的场景中，用散射

光作"底子光"照明，加用人工光照明，按照剧情要求，打出多种光线效果。二是局部遮挡光线，如拍摄以人物为主的画面（尤其以人物神情为主的画面），可在人物上方用遮挡物遮挡光线，也可利用人物自身的装饰（草帽、伞等）遮挡顶光光线，使脸部置于阴暗部分，这时按阴影部分进行曝光，也可收到理想效果。

4. 加用辅助光

在人物接受顶光照明，不改变入射角的正常状态下，可适当考虑加用补助光照明，缩小被摄体亮暗部分的差距，减弱顶光照明造成的骷髅状效果。在长久的实践过程中，人们认为这种方式能较好地强调东方人的脸型，强调脸部的立体感。常用的工具为反光板、高色温灯具（也可在3200K色温的灯具前加蓝滤色片），给予暗部补充照明，使反差得到缓和和调整，使阴影部分的细微层次得到表达。

弥补顶光照明的不足，是为主题和剧情需要服务。而有时专门利用顶光照明的不足与缺陷，也是出于剧情的需要。人们常说，特殊的光线有特殊的效果。顶光照明具有其他光线所没有的特点，它可以给观众强烈的时间印象，能够给观众以疲累、辛劳、压抑、艰辛、负重、煎熬的感觉。有些影片和电视剧导演还专门选择这种光线，抓住观众的这种心理，深刻雕琢剧情内容，收到良好效果。例如电视剧《今夜有暴风雪》抢收麦子一场戏，大部分镜头采取顶光照明拍摄：一望无边的麦海，挥汗如雨的兵团战士，闲置一旁的联合收割机，凌空高悬的横幅标语——"革命的小镰刀，战胜修正主义的大机器"……在这里展开了一场人与自然、落后与先进的较量。太阳像一只熊熊燃烧的火轮，烧烤着大地，嘲弄地俯视着兵团的勇士们，整个场景压抑、酷烈、烦闷、眩晕。大喇叭里不时传来"下定决心，不怕牺牲，排除万难，去争取胜利"的口号声，兵团战士们头顶烈日，脚踏灼热的土地，手中挥动着沉重的镰刀，汗水浸湿了全身，滴入北大荒的土地。人们的心灵被扭曲了。落在最后的小瓦匠，再也忍受不了这无形的折磨了，从内心深处发出了声嘶力竭、撼人魂魄、似笑非笑、似哭非哭的嚎啕声，这声音震撼着每一个人的心，他在这悲怆的呜咽声中，举起了镰刀，向自己的手臂砍了下去……这段"历史"得到了很好的表达，光线在这里起到了特殊作用。

一天中，外景直射光照明的三个时段，在光线入射角、影子、照度、色温等方面，有比较规律的变化，即：光线入射角由小变大，由大变小；物体的投影由长变短，由短变长；光线的照度由弱到强，由强到弱；光线的色温由低升高，由高降低。

由于地球不停地转动，太阳不会固定在空间的某一点上，对同一场景、同一物体或人物，会产生不同时刻的不同照明效果，并使画面效果也随之发生变化。

四、直射光照明常用的三种形式

（一）顺光照明

光源在被摄体前方，镜头的后方，镜头同光源照射方向基本一致，在镜头与被摄体这条摄轴线左右15°角之内的照明光线，统称顺光照明。顺光照明有时也称为平光、正面光和前光照明。

顺光照明较容易全面揭示被摄场景和人物的外表状态，景物或人物的色彩还原、色彩纯度和色彩饱和度正常。在镜头所包括的范围内，景物的亮度比较接近，只是由于距离的远与近、镜头的分辨能力之强与弱、空气中的介质之多与少，会使得前后景物之间的光亮度、色纯度、色还原出现一些差异。顺光照明常常能取得画面平和、清雅、明快、高调的效果。如果利用一天之中接近早晨或傍晚的时间拍摄以人物为主的画面，可取得亮度均匀、光调柔和、层次细腻的效果。但是，在电视照明以及电视摄影中，人们更多地希望画面有影调的变化和光影的明暗配置，不满足于顺光的原有照明效果，有时常采用一些方法改变顺光的原有光线亮度配置，使之更符合创作的要求。这很正常，因为顺光照明的确有不足和光线照明中的弊病。

1. 照明重点不突出，令人难以准确分辨景物及场景中物体的远近、主次，因为这种照明使各种被摄体处于同等亮度的地位。

2. 缺乏光影变化，物体的立体感、表面结构的质感不能正确表现，表面造型和表面的细致起伏都被顺光照明的光线隐没了，因为富有表现力的阴影部分不明显或没有出现在画面中。

3. 景物远近亮度接近，画平面印象增强，立体空间、自然透视减弱。

若想既充分利用顺光照明的特点，又弥补和避免其不足及弊病，可采取如下做法。

1. 适当改变大自然顺光照明的原有影调配置状态，变远近景物接近亮度为有深浅、有浓淡的影调配置，形成人为的前景深色调。如在拍摄现场充分利用深色调的前景，让镜头透过深色的拱门、棚子、车窗、门楣等前景拍摄，同时还可利用必要的遮挡工具（木板和遮布等）在前景处挡住部分光线的照射，形成近深远浅、近浓远淡的影调配置。有时还可充分利用拍摄点附近的树木、建筑、车辆等物体的地面投影，把这种投影结构进画面，作为画面深色调的前景使用。

2. 利用大自然各种不同景物的不同反光特性，选择同被摄体亮度、色彩有区别的景物作背景，人为拉开影调的亮暗对比。

3. 注意自然光顺光照明的时间选择，顺光照明的光线入射角越小时，顺光照明效果越明显，光调越柔和细腻。对人物而言，面部的立体感、表面结构的质感靠光线的描绘、自身线条的起伏、光调的细致变化表现出来。对景物而言，小的光线的入射角照明，景物会有较明显的层次过渡和影调配置。如果镜头置于俯视的位置上，顺光照明产生的长长投影还能保留在画面上，有较强的时间印象，画面富有某种光调奇妙的效果。

顺光照明在实际运用中，其不足有时又恰是它的优点。在不需要明显的质感、追求画面光调单一、平淡的效果时，顺光能令人如愿以偿。如中老年演员扮演青年时代的自身形象时，能使人显得年轻，能掩饰皮肤的皱纹和松驰，能够使表面凹凸不平及原有质地不引人注意。古装历史剧的创作，有时也追求一种无投影的平描效果等。有时还可利用顺光表现某种特殊的心境、情感等。

（二）斜侧光照明

光源同镜头构成一定的投射角度，常在被摄体左侧或右侧的前侧方向，大约45°左右投射出的光线，称为斜侧光照明。

斜侧光照明同顺光照明的明显不同，是把富有表现力的阴影部分（有时阴影部分具有同受光部分同等重要的意义）保留在被摄体的表面，构成了受光面、阴影面和投影，被摄体的立体感和质感得到了明确的较好的表达，弥补了顺光照明的一些不足。对于景物来讲，有了较明显的明暗配置，照明的亮暗间距拉大。有时如果亮暗间距太大，可适当加用辅助光照明。

从光线造型的意义上讲，斜侧光照明能够较夸张地突出或强调物体的表面质感，所以有人称它为"表面质感照明"。这种光线可以通过合适的角度把生活中不太引人注意的某个物体表面状态展露出来，并把变化各异的表面结构质感、纹路特征强化出来，如砖石、浮雕、木纹、墙壁、皮肤等。斜侧光线投射角度合适与否，把握着质感的突出程度，控制着受光面和阴影面的大小比例等。

在外景照明中，斜侧光线被人们广泛接受并大量使用，有时成为"核心"光源。但是在运用中，创作者需要充分考虑场景的复杂性、场面调度的实际情况、主体运动的范围，使这些具体因素同照明的造型吻合起来，如主体在运动或镜头跟随主体运动时，要考虑到斜侧光造型特点，注意起幅和落幅画面的光线效果。人们面向镜头时，要防止出现脸部照明的明暗各半、相互对峙状态，也就是人们常说的"阴阳脸"，把用光的主要注意力和观众的主要视线引导到被摄体的主要部位上。

（三）逆光照明

光源在被摄体的后方、镜头的前方，统称为逆光照明。逆光照明有时也称"背光"、"轮廓光"或"隔离光"照明。

按逆光照明的时间变化和拍摄角度的不同，一般可分为三种形式，即：

正逆光：光源置于被摄体的正后方，有时光源、被摄体和镜头几乎在一条直线上；

　　侧逆光：光源置于被摄体的侧后方，同摄轴线构成一定角度，拍摄中，光源一般不出现在画面中；

　　高逆光：有时也称"顶逆光"，光源在被摄体后上方或侧后上方，一般在被摄体边缘构成比较宽的轮廓光条。

　　逆光照明相对顺光和斜侧光而言，在远景和全景拍摄中，是表现气氛、气势、地势、地貌的理想光源。逆光照明使得画面亮暗影调配置出现了比较大的变化，距离镜头比较近的景物，色调偏深、偏浓、偏暖，而距离镜头逐渐远去的景物，色调明显偏浅、偏淡、偏冷，形成了比较真实而强烈的、较好的大气透视效果。逆光照明还能十分强烈地强调大场面中各种景物的轮廓形态和相互间数量距离的感觉，景物间的层次关系比较清楚。这种光线能够根据作者的创作意图，在大自然中重点突出某一场景、某一景物，如果拍摄中采用入射角比较小的正逆光的光线，还能再现和渲染时间气氛。目前，在许多电视剧、纪录片的大场面拍摄中都逆光照明使用较多，收到了理想效果。

　　在场面调度中，有时拍摄以人或物为主的中近景画面时，逆光照明在被摄体边缘形成一条亮的、与背景隔离的分界线，能表现被摄体同周围景物及背景的关系。逆光照明使人或物的轮廓、形态、姿势、手势、身体或物体某部分线条比较引人注目，这些常常被作为用光描绘、塑造的重点。在实际拍摄中，人们比较常用入射角比较小的侧逆光照明，这样比较容易形成暗色调的环境和背景，用以烘托、映衬被摄体的逆光照明效果和突出人物的轮廓线条。

　　运用逆光照明，要注意以下一些常见的问题。

　　1. 考虑加用辅助光照明

　　逆光照明的特点比较明显，场景中的人物或物体都不同程度地被镶嵌上了一个"光环"，形成了被摄体外延十分鲜明的轮廓线条，其暗部则同亮的轮廓线条形成了一定的反差和亮暗差距。在这种情况下，如果表现或拍摄以人物神情为主的中近景画面，需考虑加用辅助光照明，以缩小亮暗反差，使亮暗的光调之间有渐变的过渡层次，从而满足摄录技术上对亮度的"特殊"要求，适合人眼视物的习惯。辅助光的运用要符合自然光效（像平时人眼在逆光下看到的那件），其亮度原则上不要超过亮的轮廓光。辅助光过亮，缺点有二：一使轮廓光（逆光）照明效果降低或消失；二使被摄体过亮，背景过暗，失去光效的真实效果，也不符合人的视觉习惯。另外，辅助光尽量不要造成投影，投影的出现会破坏整个逆光照明的效果，同时，也能给观众以多光源、照明痕迹过重的印象。除了条件允许能够加用辅助光照明外，有时还可充分利用场景或环境内的散射光，如周围墙壁、地面、人物的衣服、水面、雪地的反光等，这些周围环境的物体能把接收的太阳光线不同程度地、多角度地、多方向地反射出来，在被摄体周围形成一个柔和的、不引人注意的、反射光相互交织的辅助光，可以给予逆光照明下的暗部以柔和的补助照明，使细部层次、质感得以展现。

2. 妥善处理亮暗光比，明确表现重点

轮廓光同辅助光的亮暗光比控制，主要是通过提高和降低辅助光的照明亮度来实现的。如加强辅助光照明亮度，反差变小，光比变小；减弱辅助光照明亮度，则反差、光比变大。怎样控制光比，光比大还是小，完全依据剧情的要求、创作者不同的想法和意图来决定。同时，要考虑到胶片或电视摄像管在记录影像的亮暗级差时的所容纳程度。有时为了追求某种效果或不需要人工辅助光时，也要把这种反差和光比控制在所能容纳的范围之内（也就是宽容度之内）。在拍摄现场，有时受环境及各种因素影响，没有辅助光时，要首先明确所表现的重点，有所侧重地保证被摄体主要部分的正确的质感和影纹层次的表达，舍去或部分舍去次要部分的质感和影纹层次。例如，在逆光照明下，为了重点突出被摄体轮廓线条，不需要其暗部层次时，可采用按亮部测光曝光的方法。对摄像机来讲，在无辅助光的情况下，采用明暗综合测光曝光，有时由于亮暗级差太大，暗和亮部的层次都不能正确再现出来，这种方法有时适用于宽容度较大的胶片摄影或适用于柔和的逆光照明。

3. 注意光、形、线的造型

运用逆光照明的最终目的是借助光线进行线条的提炼和形态的表达。逆光的突出优势是塑造、描绘场景内的景或物的外在形状和轮廓，以线形取胜。在实际用光和造型之中，一般从两个方面来着手处理：第一，从宏观角度把握线形的造型特点，用逆光的光线化繁为简地突出远景或全景中的主要线条，如蜿蜒的河流、叠嶂的山峦、行进的队伍、纵横有序的公路等。第二，从局部角度准确地强调突出富有特征的人或物的线条轮廓，发挥逆光照明在局部造型上的轮廓线条的表达优势，为具体的主题内容服务。在拍摄人或物的中近景，乃至特写画面时，逆光造型的要求则更为细微。有时被摄体处在运动变化之中，可能由起幅的逆光照明到落幅的逆光照明；也可能由起幅的逆光照明到侧光照明，然后又回到落幅的逆光照明。总之，不管被摄体是怎样的一种运动形式或导演的场面调度形式，一旦全部使用或部分使用逆光照明时，一定要把逆光造型的重点和观众的注意力放在和吸引到人或物的形态、线条、轮廓上来，使光、线、形融为一体，形成画面的视觉语言，更生动地塑造形象。

4. 形成较暗的背景及环境

场景中所要表现的重点人物或物体是否突出、逆光照明效果是否完美、线条与轮廓是否有表现力，在于背景的选择和处理。一般暗色调的背景有利于衬托被摄体边缘的明亮部分，使其亮的轮廓线条犹如画家用笔勾勒、雕刻家用刀雕刻的一样，鲜明而醒目（有时似有夸张）。如果背景过亮，斑斑点点，或以天空作背景，逆光造型的一切优点非但体现不出来，还要遭到破坏。有时在前期拍摄时，虽以天空或亮色调为背景，人眼观察仍可明显感觉到被摄体亮的轮廓边缘同背景有区别，但到了画面上，这种区别却没有了。所以，要努力克服和缩短人眼同最终形成的画面之间的视觉差别，尽量选择比较单一的、暗色调的背景，把一切没有必要的、杂乱的线条压在背景的黑暗中。另外，形成暗色调的背景，不适合选择高逆光照明。

5. 选择理想的光线入射角

对人物造型来讲，逆光照明最佳的时间选择应该是太阳初升（早晨）与太阳欲落（傍晚）时或接近于这个时间的一天中"两头"的光线。换句话说，光线入射角越小，逆光照明效果就越好。这段时间的光线照明能保证被摄体边缘有较为细腻、柔和、醒目和单一的轮廓光。其他时间的逆光照明效果同这段时间的逆光照明效果有很大差异，其差异有：照明亮度和强度增加，相对亮暗差距变大；被摄体的轮廓光条变宽，逆光照明不再单一地强调轮廓，由轮廓扩大到附近的其他部位；暗色调的背景相对减少。

6. 防止不良的镜头眩光，提高画面的清晰度

所谓镜头的眩光是由镜头视角中亮度极高的物体或视角中主要物体与周围背景间较大的亮暗差别引起的。在拍摄中，逆光照明有时处理不当，就会出现镜头眩光，直接影响画面影像的清晰度和画面质量。这种镜头眩光常常是在摄影者不注意、镜头进光情况不易察觉或正逆光（光源入射角比较小）的时候发生的。也不要忽视逆光下亮的背景（天空）同物体大面积暗的部位悬殊的亮度差所形成的眩光和视觉不适。避免不良的镜头眩光，可人为控制或改变画面中不正常的亮度和亮度差，还可在外景逆光照明中给予灯光加遮扉或灯光套筒，镜头可加遮光罩等。但有时人们还故意间接地运用太阳光或灯光形成规律折射，造成画面的规律眩光，如光环、光串、光晕等，能获得特殊的艺术效果，也能抒发某种特殊的情感。总之，逆光照明下，防止镜头眩光和故意利用规律眩光追求某种效果不是互相矛盾的，其目的一致，都是为主题与内容服务。

第四节　散射光照明

散射光照明主要指光源被密度不均匀、存在于光源与地面之间的大量云、雾、尘埃等介质遮挡，间接地把其光线投射地面的照明。散射光照明发生在晨曦和黄昏、阴霾天和薄云天、雨雪天和雾天或晴天人为大面积遮挡的场景时。散射光照明中还包括直射光照明下的背阴处，如树荫、楼阴、山阴、凉亭内等。

散射光照明所包括的各种不同情况比较复杂，但它们基本上都有着共同的

特点：

1. 光线柔和，照明均匀；
2. 亮暗反差缩小，影调接近；
3. 光线无明显的投射方向；
4. 色温偏高，色调偏冷；
5. 物体受光面、阴影面、投影不明显；
6. 面上照明同点上照明区别较小。

散射光的特点是其他天气条件下的照明所没有的，我们分别从以下几个方面讨论。

一、晨曦和黄昏时间照明

在演播室内，我们经常用人工光线模拟晨曦和黄昏时间的光线效果，因为一些歌舞、舞台小品、歌曲演唱等节目需要这段时间光线的映衬、烘托和渲染。在外景照明中，晨昏时间的光线具有较强的抒情表意效果，它区别于其他时间的光线效果，形成了自己的光线个性与特点。

这段时间的光线同外景照明中其他时间的光线有哪些区别与特点呢？首先早晨太阳欲升时的光辉和傍晚太阳刚落后的余晖，装饰性地把天边照亮，接近太阳位置的天空橙红色调很浓，离太阳位置愈远，橙红色调就愈淡，最后被天空大面积的冷色调所吞没。另外，在一天时间中，这个时刻的光线色温（面对太阳方向平均测试）很低，在1850K至2400K之间，随时间变化，色温处在不稳定状态。由于色温的变化造成的色调上的微妙变化，给这段时间的光线蒙上了一层迷人的色彩。这个时刻地面上大面积景物照明的主要光线来源是天空的反射光，即散射光，景物的远近层次与局部质感依稀可辨。地面景物同天空两者形成很大的亮暗反差和影调对比。在这种情况下，如果要求摄像机既能记录下亮部层次又能反映出暗部质感显然是不可能的。单独对暗部或对亮部进行造型处理以及舍弃亮暗的某一级，重点照顾一个方面是比较现实的。但在这个时刻如果拍摄人物近景或表现人物的神情及细部层次，就需要一定量的人工光源照明，弥补由于照度不足而出现的偏色和过浓的橙红色调。这段时间较为理想的是拍摄剪影、半剪影效果的画面，把地面上富有表现力的人或物的轮廓线条衬托在亮的天空上，运用线形进行光影造型。所选择的地面上物体的外型、轮廓、线条、姿势等，尽量要求典型，同时要清晰和简练，有线形造型上的优势。"艺术表现的最高原则是单纯"，对晨昏时刻选择的物体的线形来讲，要尽量"单纯"，防止线形过于庞杂和重叠，所形成的画面语言应避免主次不分，造型及表现意图要明确。

在体现主题、抒发感情、表达意境方面，这段时间有独特的效果。如电视剧《丹姨》，外景主要场地是远山、大海、土丘和教堂，片中多次利用早晨和黄昏光效把它们衬托在遥远的天际上，富有线形造型魅力的山丘、教堂同远山、天空同构一图，以此来完成剧情内容的表达和展示人物的不同心境。还如电视剧《抹不掉的声音》中，知识青年淑敏在北大荒一直做孩子们的老师，与北大荒的孩子们建立了深厚情谊，孩子留恋自己的老师，老师也舍不得离开孩子们。但是，因为要回城，她不得不离开北大荒。走以前，她不忍把自己要走的消息告诉孩子们。剧中表现了她离开北大荒时的情景，这段剧情就是选择在黄昏时间拍摄的。摄像机放在低洼处，镜头向着日落不久的西方一条凸起的地坝上仰拍，天空有大面积的积云，似乎在留恋着太阳，天空和地坝交接处形成了一条无云的空白，这时一辆马车从画面右边入画，出现在积云与地坝的中间空白处，我们看到淑敏毅然地把行李扔到车上，大步跟在马车后面。马车和人呈现剪影效果，有一种压抑、离弃的感觉。这时，画外一个男童呼喊老师的声音进入了人们的耳朵，循着喊声我们看到一个小男孩跑入画面，急急忙忙地追赶着马车。老师回城的消息还是让孩子们知道了。在北大荒的日日夜夜、岁岁年年，淑敏同那里的孩子们结下了难舍之情。画面中马车继续向前走着，淑敏头也不回紧紧地跟在马车后面，男童边追赶边呼叫着老师……利用这样的时间，采取这样的光线效果，意在调动观众的想象，增加更强的画面外延……

二、阴霾天和薄云天照明

生活中，人们统称阴霾天和薄云天为阴天。阴天是外景散射光的最典型的"代表"，光源的光线被云雾遮挡，地面景物的照明主要依据天空散射光，物体表面没有明显的光线投影，景物的明暗反差缩小，光线细微柔和。由于物体接受平柔的散射光照明，亮的物体降低了亮度，而暗的物体相应地又提高了些许亮度，两者亮暗区别明显缩小，与晴天的光线照明状态形成截然不同的对比。阴天照明情况下，物体主要依据它自身的明暗及颜色的变化让人的视觉分辨其差别。阴天区别于晴天和其他天气的特征之一就是色温偏高，色调偏冷。阴天光线的光谱波长是400~500毫微米，色温在7000K至10000K之间，蓝色调占明显优势。这种光线色温变化的特点，对于摄像机来讲，感觉尤为明显。

阴天照明，光线入射角不明显，但不会失去光线的大体方向性，特别是在薄云天气，反差缓和，明暗适中，投影含蓄，物体表面有极细微的亮暗过渡层次，这种光线情况正好吻合了摄像机技术上的某些特点和要求，所拍摄和取得的画面效果不同于晴天，有阴天的照明特点。著名画家达·芬奇很注重在这种天气情况下画人像，他曾这样说过，画人像"可以在阴天的黄昏时候进行，并使他背靠院里一面墙壁坐着。在天气阴沉的日子，注意一下薄暮时分走在街上的男男女女，就能见到他们的脸庞多么优雅，多么柔和。"①他的传世名作《蒙娜丽莎》在光线的运用上就是一个较好的范例，画面中人物亮的脸部、胸部和手部都有极其细微的光调变化，棕色的衣服和头发也有柔和的过渡层次和影纹变化。

从画面造型角度来分析，阴天照明有其不利的几个方面：

1. 景物接受了较平均的散射光照明，远近景物缺乏影调上的明暗变化，显得平淡单一；

2. 画面中空间深度感弱，前后景物叠合，缺乏层次和应有的区别；

3. 物体立体感减弱，表面质感不突出；

4. 天空与地面景物形成较大反差，特别是拍摄以人物为主的中近景画面时，一旦把天空摄入画面，就将直接给画面造成不良影响，分散观众对被摄体的注意力；

5. 面上光线与局部光线亮度和区别较小。

阴天状态下所出现的诸多不足，需要创作者利用有效手段进行光线的调整和弥补。同时，还可利用阴天光线的"不足"变"弊"为"利"，为主题内容服务。

1. 人为改变场景内原有光线布局所形成的光调配置，使之更适合于画面造型。画面造型一般体现在三个方面，即被摄物体立体感、质感和空间感的表现：

（1）立体感的表现同天空不明显的散射光入射角度有重要关系

所谓"不明显"，只是给一般人最基本的表面感性认识。用创作者的眼光去观察、分析，人们就会进一步发现：无论在阴霾天还是浓云蔽日的阴天，地面景物接受照明的主要光线入射角是自上而下的，是有一定的方向性的。例如在一般的阴天和薄云天，光线不但自上而下倾向性照明，创作者们还可通过光线的各种微弱变化分辨出上午光线、下午光线或中午光线。这样，比较有利于人们在这种光线变化的范畴内进行选择、安排和处理光线。阴天上下午时间的侧光和斜侧光照明，对于表现被摄体的立体感有一定的帮助，这种光线可在物体表面形成一定的受光面、阴影面和不太明显的投影。阴天的中午光线和浓阴天的光线对物体立体感的表现较为不利。

（2）质感的表现主要取决于光线形式的选择

所谓质感的表现，常指被摄体所固有的表面结构或状态的合理再现。阴天的光线形式同样可供人们表现被摄体质感时加以选择和使用。一旦被摄体同光源构成一种特定的角度，被摄体质感的表现就有了保证。如再现某一被摄体表面凹凸不平、粗糙错落的质感时，如果镜头正对着这一被摄体表面，那么来自

---

① 列夏纳多·达·芬奇：《芬奇论绘画》，戴勉译，人民美术出版社，1979，第128页。

镜头左侧或右侧、上侧或下侧的光线均有利于表现这种质感。如果这一被摄体垂直于地面，并且其垂直面又正是要表现的表面质感时，阴天的中午散射光和上下午来自被摄体表面两侧的侧光或斜侧光效果将较好。要表现某一物体顶面的表面质感时，上下午或接近上下午的早晨、傍晚的侧光效果最好。

（3）空间感的表现主要在于人为改变阴天光线所形成的固有的光调配置

阴天光线的最大弊病是接受照明的景物在影调上缺乏亮暗对比，画面灰平，缺乏应有的变化，不能形成空间层次上的各种对比，所以阴天的空间透视效果较差。改变这种状态的主要方法是在画面上构成影调的明暗配置，利用角度的变化构成暗的前景，增强远近景物的大小对比等。另外，还可利用自然界中某些大的线条，如道路、河流、水渠等在画面中形成主要线条并造成由近及远、近大远小的视觉上的纵向变化，还可选择多层景物和重复景物，在一定的视点高度上，人为拓展视觉空间，弥补阴天光线的不足。

2. 把观众的视线引导到镜头中的主要物象上来

阴天，来自天空的散射光均匀地铺洒在地面上，所有物体接受了同样亮度的光线照明。在这种情况下，只有物体本身影调的深浅变化，而没有光线亮度上的明显的明暗变化，所以，接受阴天光线照明的景物，点与面的照明无明显区别。也可以说，视角内的物体都给观众视觉上的平等印象，无明显的光调上的差异。但有一种情况例外，就是当大面积的天空进入视角或画面时，天空和地面景物就会形成较大反差，这种较大反差会影响和破坏画面的最基本的和谐。特别是拍摄以人物为主的中近景画面时，天空将分散观众对画面主要部分的注意力，在这种情况下，首先要避开亮的天空，不要以亮的物体作画面背景。再者，尽量让人物或人脸在画面中保持最高亮度，有时也可通过摄像机有效控制镜头的光通量，达到突出被摄体的目的。

3. 有目的地形成画面局部或面上的色调对比，吸引观众的视线，表达一定的情感、气氛

阴天色温偏高，色调明显偏冷，有效地利用摄像管在色彩接收上的局限性特点，可形成较明显的色调倾向，这有助于在一部片子中或一段镜头中形成统一的色调，为主题内容服务。可以说，阴天这一特殊的光线状态成了天然的"调色板"，可以组织物体或被摄人物的暖色调同周围环境与背景的冷色调对比，使画面或场景中的主要对象无论近观其神态还是远观其线形体貌，都使其在观众的视觉注意中保持最高"系数值"。也可以说，一旦形成了色调上的对比，周围接受天空散射光照明的环境就会以其最佳色彩状态，保证镜头视角之内与其形成色调对比的被摄体的突出。

4. 阴天的散射光与灯光的综合运用

阴天光线条件稳定，照明范围广，是天然的"底子光"照明，如果条件允

许可考虑与灯光综合运用，塑造出各种各样的光线照明效果，同时也能弥补因阴天散射光照明而出现的单一、灰平等不足现象。在实际运用中，首先要平衡两种光线的色温并保持其色温的一致。再者，用灯光模拟太阳的直射光照明效果时，无论场面调度多么复杂，都要注意：

（1）始终保持主光投射的一致性；

（2）被摄体距离灯光的远近不同其光线强弱也就不同；

（3）光线入射角随被摄体远近的活动而变化；

（4）同一时间和同一场景主光的高度要保持一致；

（5）尽量减弱和避免接受灯光照明与未接受照明的物体两者间过于明显的光线明暗的差异，以及给观者视觉上带来的不适。

阴天的散射光与灯光的综合运用，原则是不能留下过多的人为用光痕迹。加用灯光照明，这只是在阴天散射光照明这一大前提下，实施场景局部或一定范围的灯光补充照明，并不是用灯光来人为代替阴天散射光照明。整个场景和画面的光调、色彩以及形态的基调，还应以阴天的光线特征为主来设计、把握和考虑。

三、雨雪天和雾天照明

雨雪和雾天的特殊天气条件或光线条件，具有特殊的光线魅力与效果，它会形成特殊的视觉语言，给人以特殊的视觉感受。在电视照明中，光线的模拟、设计不能流于一般，应有丰富的变化。变化能带来新意，变化能增加画面的视觉"容量"。

（一）雨雪天的光线分析

雨雪天是属于室外散射光照明中较特殊的一种。为什么说它比较特殊呢？因为它除了具有阴天散射光照明的大部分特征外，还具有属于雨雪天的那些特点：

1. 光线柔和而细腻，具有很强的感情特点。无论是阴雨绵绵的夜景，还是暴风骤雨的日景，无论是帷幕般连绵不断的瑞雪，还是瀑布般铺天盖地的白絮，这些光线条件与雨雪特点，常常作为电视工作者宣泄感情、引发思绪、增加联想的"媒介"，具有独特的情调与气氛；

2. 由于雨和雪的作用，物体表面体现了一种光与影的结合，一种明与暗的变化，一种其他光线状态下所没有的表面质感的存在形式；

3. 场景和被摄体的存在常常与雨和雪联系在一起。在淅淅沥沥、纷纷扬扬的雨雪中，光线含蓄、细微，并在被摄体的表面产生跳跃性的变化，形成不规则的光斑、光点等。

在用光与拍摄中，怎样才能充分突出雨和雪的光线特点呢？

1. 现场采光和确定摄像机的位置是突出雨和雪特点的关键。雨天和雪天的光线有其微妙的变化，来自天空的散射光，具有一定的投射方向，也可以说具有晴天直射光情况下光线形式的所有变化。所以，设计和利用逆光、侧逆光的用光形式或选择接近于逆光、侧逆光的镜头角度，可有力地突出雨雪特点，其他的光线形式表现力则较弱。如果利用雨雪天拍摄夜景或人工降雨和人工降雪拍摄夜景，整体用光最好选择逆光照明设计方案，特别是大场面布光设计，显得尤为重要。布光中，用光模拟的对象常常是路灯、汽车灯、门窗透出的光线或雷光闪电等，这种逆光的整体布光设计会使场景的雨夜或雪夜效果十分逼真，大面积暗色的夜空像一块黑色的衬布，有力地衬托了雨雪的线条，对雨雪进行了"强化"表现。雨雪天的夜景之所以特点明显、气氛浓烈、渲染力强，主要就是逆光的作用。在许多电视剧及艺术片中，雨雪天的夜景感染力很强，如雨雪夜中路面上的反射光、水中模糊、朦胧的人物投影，被逆光勾勒的雨滴雪片的轮廓等，变成了生动的视觉语言。实践经验告诉我们，雨雪天的白天光线与夜晚光线比较，夜晚的光线能更明显、清晰地突出雨雪天的特点，也可以说，人工光线有较大的可能来完美地表现主题，突出雨天的造型优势。

2. 设法用暗的环境和背景映衬雨丝或雪片，人为突出雨雪特点。在雨雪天实际用光拍摄中，周围环境中暗色的小屋、墙壁、人群、深色的树丛作为衬托，可加深人们的视觉印象，增强雨雪天的效果。在用光设计时，一般要尽量避开大面积亮的天空和亮的背景。

3. 充分利用有雨雪天特征的造型工具，渲染现场气氛。雨雪天最常见的用具莫过于雨伞、雨衣、草帽、竹笠、草披和塑料布了，这些物品不管出现在什么位置上，都能给观众明确的印象，这些造型工具所形成的视觉语言很容易让观众"读"懂。

4. 大场面雪景拍摄要注意尽量缩小景物的亮暗差别，准确再现亮暗两方面的质感。摄像机宽容度较小，这点我们曾专门进行了探讨。雪天中的深色物体，常常与其周围的环境形成较大的反差。这种反差如在雪过天晴之后更为强烈。在照明用光中，要尽量提高暗色物体的亮度，实在无法调节两者反差时，要重点强调主要对象的层次质感。再者就是在选择场景或人工景初期设计时就考虑到两者的反差控制。

（二）雾天的光线分析

飘浮在空气中的水蒸气凝结成许多小水点，这些小水点的汇聚，形成了雾。雾的形成与变化有时很不规则，水蒸气多时变浓，水蒸气少时变淡，同一区域内的雾也不一样，随地貌、地温、地势高低的不同，雾的薄厚也不同。平常我们看到的雾有各种各样，同样是雾，但成分却不相同。有的雾除了水蒸气外，还掺有炊烟和空气中的各种尘埃杂质。雾的成分不同，对光线的接收与反射也就不同，雾的各种各样的变化将给光线带来各种各样的影响。

凡是有雾的天气，大自然的景象别有一番味道，雾的特点也显露得比较充分。

第一，雾天空气中的介质增多，光线被大量扩散，由于介质之间的相互作用，使雾天的散射光强度明显高于阴天和半阴天。在雾的作用下，地面上的景物被均匀地照射，物体表面状态细致、真切。

第二，各种景物远近不同地分布在雾气笼罩的空间中，物体的本来面目被雾不同程度地"遮挡"起来。所以，雾具有较强的"净化"功能，它可简化环境、背景、繁杂的物体细部线条，减弱或掩盖物体局部层次，在大的环境中，雾能够使众多景物"化繁为简"，只保留景物和物体的外在轮廓与主要线条，雾的这种功能，常常有写意的效果，使画面含蓄、幽深、轻柔、淡雅，有水粉画、水墨画的特点。

第三，雾能使大自然有强烈的空气透视效果，这是任何其他光线条件所不能达到的。比如，景物的近深远浅、近浓远淡、画面的明暗对比、立体空间的展现，往往在雾天比较明显。

虽然雾天有其天然的优越性，但在创作中，还需进行必要的人为处理：

1. 利用雾天创作，要对雾天的光线形式进行选择，特别是拍摄稍大一点的场面，一般还是以逆光和侧逆光为好，这种光线可获得远近丰富的影调层次和细腻的光调、色调上的过渡。

2. 设计和利用逆光造成人物或物体的剪影、半剪影效果，把人物或物体衬托在雾气中，画面效果要比在其他天气条件和光线条件下拍摄的剪影更富魅力，因为雾天光线反差小，视觉舒服而正常，画面光调和谐、悦目。

3. 雾气比较大，浓度比较高，空气中介质过多的时候，画面灰雾度增加，尤其拍摄稍大点的场面，透视感会随雾的浓度增加而减弱，原因就是景物间的区别和对比也随雾的浓度增加而减弱。当出现这种情况的时候，要人为加大景物间的暗亮对比，有时可考虑充分使用暗色调的前景。

四、晴天遮挡法和背阴处照明

在电视外景拍摄中，出于主题的需要、创作的构思、光线设计的要求，可利用晴天直射光照明亮度较高、强度较大的中午或接近于中午时间的光线，把散射光强、透光性能较好的大块白布置于场景上方遮挡日光，改变日光的光源性质，即由直射光的光线变为散射光的光线，然后在白布覆盖下的场景进行拍摄，可收到良好光线效果。这种"遮挡法"的使用，有以下几方面的长处。

1. 这种遮挡法所获得的散射光照明效果优于一般的阴天、半阴天，光线亮度高；

2. 色温接近于晴天日光色温，清晰度和色彩饱和度正常；

3. 这种散射光可与灯光混合使用，让两者发挥互补作用，既保持和追求一种接近自然日光光效，又利用灯光完善暗部补光、照明均衡和获得最佳的光比控制效果；

4. 照明平柔均匀，容易把握整个场景的照明亮度和基调；

5. 模拟阴天的光线效果，为一定的主题内容服务。

但被遮挡的场景有时也有麻烦或不利因素出现。如在一个镜头中难以避免地会出现既有被遮挡的（散射光照明的）场景内的景物又有未被遮挡的（直射光照明的）背景的景物，出现用光"穿帮"、人为用光痕迹过重的弊病。这就需要我们在用光上、摄像机拍摄角度的选择上、导演的场面调度上把握好两方面的衔接，在用光上尽量缩小被遮挡和未被遮挡部分的亮暗差别，同时也可通过摄像技术，如调整景深的大小、物体的虚实，或避开不真实的背景等，求得视觉上的真实与自然。另外，还可考虑使用一个近似于封闭式的场景，用白布遮挡上方后，场景四周都可打镜头，光线不会穿帮。有时受条件限制不可能四面都能利用，也可考虑使用三面或两面。

晴天直射光照明下的楼阴、树荫、山阴处和凉亭内等背阴处的光线有其特点和规律性，但有时也比较复杂。在这些比较特殊的地方拍摄，首先是对人们解决问题的能力的一次检验，也就是说需要人们冷静观察和分析一下背阴处光线的投射方向、投射角度、周围色温的变化等，从中理出头绪，从而准确把握这种光线的特点。

1. 凡是现场直射光照明的物体的背阴处均为散射光，这种散射光的方向有时是单一的，有时是多角度的，视太阳的位置和背阴处的具体情况而定；

2. 背阴处散射光的强弱是根据四周环境的反射光能力、反射物距离的远近和太阳入射角的大小来决定的；

3. 背阴处光线色温通常偏高，有时受环境及反射物本身色彩的影响，使得背阴处色温不稳定；

4. 背阴处与阳光照射处两者反差太大。

怎样才能弥补背阴处光线的不足，较理想地使用背阴处的光线呢？

首先，在现场要确定或寻找出散射光线的大致投射方向，确定基本的用光位置与角度，利用不太明显的顺光、侧光、逆光的光线配置，为主题内容服务。有时周围反射光反射方向不规律，如在凉亭、长廊、露天汽车内拍摄，常出现这种情况。可利用其反射来的主要光线作为被摄体的主光，其他不规律的反射光有时可考虑作为辅助光。另外，如果背阴处散射光比较弱，可考虑用灯光和反光板补光，但要注意在使用灯光或反光板之前，要改变灯光和反光板的光源性质，使其变为散射光，避免它们在被摄体表面和所照明的环境产生明显投影，同时要注意补助光的投射方向应尽量同现场的日光反射光方向一致。其次，在用光拍摄中，要尽量避免在同一个镜头内同时出现两种反差较大的光线照明的景物，往往这两种反差会大到人们难以调整的地步。防止画面偏色，也是我们要考虑的一个问题，特别是现场各种环境色的影响不能低估，如环境内的绿树、草坪、红围墙等，都会给背阴处的光线以及光色带来影响，使画面偏某种环境色。为了防止画面的过分偏色，可考虑加补助光，人为提高背阴处的亮度。

第五节　夜景照明的设计思路

经过长期的实践、总结和比较，排除人眼与摄像机之间的"误差"，人们普遍认为晨、昏时间是夜景拍摄与造型的最理想时间，但有时由于创作想法、条件、环境等主观与客观因素的制约，夜景的拍摄还可考虑使用其他时间，对此我们进行如下分析。

一、可供夜景拍摄选用的三个时间

（一）晴天太阳光下拍夜景

这种方法其实是借日光作月光用，造成一种月夜的照明效果。在电视剧和其他一些电视片稍大一点的场面中，由于受制作条件限制，有时也由于经济、灯具不足等影响，选择利用日光条件下拍摄夜景。但在日光下拍夜景，有许多实际问题需要认识和解决。"就白天拍摄夜景的技巧来说，所要完成的根本任务是解决一个美学上的问题——由于这种镜头本身是建立在虚假的基础上的，所以拍出的效果很难达到自然。白天的场景是以很明亮的地区为主，外加上这里或者那里出现的一些小阴影。而夜景里的很大面积却是阴影部分，只是偶尔有些强光部分罢了（如果加光的话也是为了强调整体的黑暗）。你怎样才能把大面积的强光变成大面积的阴影呢？"[①] 假的就是假的，但对于电视剧作人员来讲，有时就是要利用各种创作手段尽量把假的变成真的。怎样才能在阳光下拍摄夜景并获得较佳效果呢？

1. 制造大面积暗的阴影。通常的方法是选择晴朗的天气，主要使用上下午或接近中午的逆光、侧逆光，使被摄物体处在轮廓光照明的位置上，物体的形态、人物的姿势比较突出，同时利用这种光线可人为造成画面背景处大面积的阴影，为在阳光下拍摄夜景奠定一定的真实基础。

---

① 阿·阿瑟·英格兰德、保罗·佩佐尔德：《电视影片的摄制》，张园译，中国电影出版社，1987，第187页。

2. 注意加用辅助光照明。在生活中真正的月夜逆光状态下，肉眼不但能较细致地注意到物体的线形轮廓，还能分辨物体暗部的大部分层次。阳光下拍摄夜景实际上是模拟月夜的一种效果。被摄物体有了逆光照明形成的轮廓，还要考虑用灯光或反光板打辅助光再现暗部层次，用光线"寻找"出真实的月夜里人眼的"感觉"，其画面效果是以表现物体轮廓为主，表现暗部层次为辅。

3. 把握夜景的色调。真正的月夜给人以宁静、缥缈、清淡、细柔的感觉。照明常常处理为冷色调，摄像机的白平衡调整可直接使用3200K滤色片，不必进行细调、微调，使整个画面偏蓝色调。

4. 准确控制曝光量。既然阳光下拍摄夜景是假戏真做，那么就不能忽视整场夜景的曝光或亮度控制，制造出起码的月夜效果，其方法有两种：第一种方法是在前期现场拍摄时，每个夜景镜头按其正常的曝光量均缩小一级或两级光圈；第二种方法是在后期制作时用技术手段按一定的数值统一降低或压暗所有夜景画面的亮度。两种方法，前者简单方便，能马上看到结果，但较难准确统一把握每个不同景别镜头的亮度，难以形成一个基准；后者整体效果控制较好，但有时较难照顾到个别镜头的特殊要求与效果，当然也要受到后期制作条件的限制。

5. 防止天空和亮背景过多地进入画面。亮的天空和大面积亮的背景是造成夜景失真的主要原因，在实际拍摄中应使用正确的角度尽量避开它们。如果拍摄大场面无法避开天空时，可使用渐变滤色镜压低天空亮度。

（二）夜间拍夜景

夜间拍夜景，按人们正常思维来讲似乎是"名正言顺"的，但按照电视创作的特点和要求来衡量，夜间拍夜景并非理想的时间，其效果距离真正的夜景要求相差很大，但较白天拍夜景要真实得多。在真正的夜间，人眼能分辨出远处天边与地面、近处物体与远处物体的形状轮廓；能辨别物体的细部大致层次。但摄像机却没有可能在这种近似于无光的情况下代替人的眼睛，眼睛观察到的物体轮廓、线条、层次，摄像机都难以区分和辨别。用摄像机在真正夜间拍摄到的夜景，往往达不到真正的效果，许多地方要"失真"。那么怎样才能在夜间拍出较理想的夜景效果呢？

1. 用光线区别景物远近层次，表达空间透视。夜间拍夜景的最大弊病是被摄体周围及背景漆黑一片，缺乏应有的景物远近层次，失去了生活本身的真实。在夜景的布光中，无论镜头表现的景物景别大还是小，是景还是物，都要注意交代空间距离、前后层次和空间透视，不但要注意局部点上照明，还要考虑到环境背景照明。可以说，夜景拍摄和照明中，被摄体是镜头的主要表现对象和照明对象，但被摄体所处的远近环境的表现和照明，同被摄体的表现和照明具有同等重要的意义，忽视了环境的照明，忽视了夜景的空间交代，也就失去了夜景的真实性。

2. 注意控制亮暗反差。夜景拍摄中，景物的外形、表面的质感、色彩的再现，只有靠人工光源的合理照明才能实现。不加任何光线照明的地方，在画面中将是黑黑的一片，毫无层次可言。可是加用人工光线对周围景物照明时，若不注意照明的方式、方法，将会出现摄像机难以适应的高反差，如被照明的被摄体和缺乏照明的背景环境、被摄体表面的受光部分与背阴部分等。解决的办法是尽量缩小两方面的亮暗差距，把反差控制在摄像机允许的范畴之内。在大场面拍摄中，要重点控制大面积暗的环境和小面积主体及主体活动区域亮的部位的反差。在中近景画面用光中，主光与辅助光、人物与小范围环境的反差控制，较之大场面会简单容易得多，但也不容忽视。

3. 尽量避免无影调层次变化的天空过多地出现在夜景画面中。夜间拍夜景，天空是巨大的"吸光体"，眼睛能感觉到的微弱的天空层次，在画面中早已无影无踪，所以不要让天空过多地进入画面，也不能过多地利用天空作背景。例如，有些电视剧将夜景选择在旷野、海边、广场等处，尽管人物光线处理得很好，而周围（天空）却是一片漆黑，缺乏夜景应有的气氛，人工用光痕迹太重。

（三）晨曦和黄昏拍夜景

晨曦和黄昏时间是电视节目制作中拍摄夜景的"黄金时间"。利用这时间拍夜景，既照顾了摄像机的某些局限性又能再现出真实的夜景气氛和效果，弥补了以上两种夜景拍摄方法所出现的不足和带来的弊病。

利用晨昏时间拍摄夜景，对于照明来讲，有以下几个益处。

1. 场景有一定的基础亮度，能保证摄像机对照度的最基本要求，也可以说，能再现和表达场景内最暗处的基本层次。

2. 天空和地面、树木和楼房、物体和物体能保持大致的画面上的区别，这种区别正好吻合了人眼在真正的夜间观察到的景物的具体情况，画面效果正常而真实。

3. 在天空散射光的基本亮度照明基础上，能充分发挥人工光线（灯光）的造型作用。模拟各种各样的生活中的夜景效果，创造真实的夜景气氛。

4. 利用现场内散射光与灯光色温上的不同，造成明显的色调上的冷暖对比。

5. 前后景物、远近景物能保持一定的层次关系，能提供基本的景物透视条件。

外景夜景照明，能较全面地表现电视照明工作者的创造才能，同时也是衡量其照明造型、创作想法与意识上的成败的一种标准。夜景照明基本囊括了电视照明的基本表现形式，如在夜景创作中，要考虑自然光也要使用人工光，要考虑模拟生活中的真实光线效果，又要进行艺术的创造与造型处理，使用灯光色温的同时又使用日光色温等。所以，夜景的照明造型、构思与处理就显得比较重要。

二、实拍前的基本考虑

实拍之前要做的事情很多，但主要的应该是坐下来冷静地想一想如下问题。

（一）基本思路

1. 夜景拍摄的主题是什么，发生在什么年代？

2. 原始电视文学剧本提供的场景、环境有哪些具体的时间季节特征上的要求？是春、夏、秋、冬景？雨、雪、雾天？

3. 分镜头剧本中夜景共有多少镜头？景别是怎样划分的？全景和远景景别有多少个？

4. 所选择的夜景场景中，照明布光的主要依据即主要光线来源是什么？是月光、路灯、篝火、壁灯、门灯？

5. 使用哪种（类）灯具？是低色温灯具还是高色温灯具？是聚光灯具还是散光灯具？

6. 在导演阐述中对摄像和照明提出了哪些具体要求？

7. 整段夜景要把握什么样的色调？处理成什么样的整体气氛？

（二）夜景拍摄的基本要求

1. 注意场景选择

不是任意找出一个场景和环境就能拍摄出好的夜景效果的。在电视片拍摄中，导演和其他创作部门一般对场景都有自己的基本要求。照明部门对夜景场景的要求主要是场景和场景周围的物体、背景要具备一定的反射光能力。反射光能力差或没有反射光能力的环境与背景，不适合拍摄夜景，因为它们具有很强的吸收光线能力，会出现主体人物及物体可能接受了良好照明，效果很好，而环境背景却缺乏应有层次，从而影响整个画面的夜景效果。许多成功的电视片之夜景照明处理，除人物接受了适当照明之外，其他环境加用人工光线照明后也有一定的亮度与层次。一些客观条件与因素也可帮助夜景画面造型，增加周围环境的反射光能力，如雨后和雪后拍摄夜景、选择湖边和桥头等处为夜景拍摄场地等，都会收到很好效果，由于注意了夜景照明的场景选择，能有效地增加夜景画面中周遭环境应有的层次，避免地平线以下单调死板、漆黑一片。

2. 要有用光依据

夜景的一切光线照明效果都是模拟生活而来的，生活中自然的光线效果是夜景拍摄中加以选择、提炼、模拟的对象，它们是夜景用光的依据。电视夜景照明的最大特点应该是真实，不能片面地去使用无光线来源条件下的"假定性光源"和"理论性光源"。由于摄录像自身的特殊要求、电视节目与生活的密切关系和电视观众对电视节目的观赏心理的需要，要求电视照明的光线来源应该有生活的依据，它的照明效果真实与否，是电视照明艺术赖以生存的条件。所以，在夜景拍摄中，光源（道具灯）适当的配置与交代是十分必要的，要避免和防止不顾生活的真实毫无目的地乱打光、乱加光，以及为满足摄像机照度要求、满足被摄体质感表现而盲目用光的现象。法国人马赛尔·马尔丹说："应该特别指出的是，有许多夜景显得十分违反自然，即使现实中是明显的漆黑一片并无光源可言，但这些场面往往是照得亮堂堂的。"① 生活的真实是艺术真实的基础，片面追求某种光效，把画面从生活中"分离"出来，把某个"场景"同生活对立起来，这是违背艺术创作原则的。

3. 合理利用和安排景别

夜景拍摄之前，照明工作者要清楚了解夜景拍摄的景别划分问题，以便根据实际拍摄条件在创作中灵活处理。如一场或一组夜景由许多不同景别的镜头组成，少则十几个，多则几十个镜头，这几十个不同景别的镜头不可能在同一段落的时间内拍摄完成，因为一天中晨、昏时间短暂，可利用的最佳夜景拍摄的时间大约只有40分钟。由于受时间限制，每次只能拍摄几个镜头，为保证照明效果，又不耽误整个拍摄进度，可在日出前或日落后的时间内把主要力量用在远景和全景的拍摄和照明上。这段时间是拍摄远景和全景的最佳时间，天空、地面、马路、灯光和人物在画面中都有良好的层次与透视交代，夜景效果最为理想。同时，要注意远景和全景的大体拍摄方向，虽然是在晨昏时间拍摄夜景，但有时受环境、天气、污染等影响，天空和地面混为一体，区别较小。如在日出前拍摄夜景，镜头应尽量向着日出方向；黄昏时拍摄夜景，镜头应尽量向着日落方向，在远景和全景照明的整体设计时应考虑到这一点。除远景和全景外，其他景别如中景、近景和特写，在保证色调、亮暗反差不发生偏差的前提下，可安排在夜间拍摄，但要注意被摄体与环境和背景的层次、透视关系。

4. 人为拉开亮暗对比

夜景画面一般要注意有较大面积的暗部（当然不是漆黑一片，要有部分层次），但更要注意画面局部高亮度点的配置与处理。高亮度点形成的主要依据是生活中可以模拟、再现和加强的路灯、台灯、壁灯、车灯等的特定光源效果。这些高亮度点的配置与处理的最终目的，是为主体营造一个真实可信的夜景氛围。晨昏时间用眼睛来观察周围环境及景物，会明显感觉到一定的亮度和层次，这样很容易使人大意，忽视景物与环境的高亮度点的配置与处理，结果会使拍摄出的画面亮暗差距太小，缺少反差，亮的不亮，暗的不暗，灰蒙蒙一片，无法吸引观众的视线，没有夜景的真实气氛。所以，在这段时间拍摄夜景，要尽

---

① 马赛尔·马尔丹：《电影语言》，何振译，中国电影出版社，1982，第36页。

量拉大画面的亮暗差距，空出、加强局部高亮度点的照明。在夜景画面中，最亮的部位不应是天空，而应是照明灯及照明灯所能照射到的某个局部，这些局部（主体所在部位和主体活动区域）要同周围环境及景物形成一定的反差，使画面形成亮暗对比。在使用人工光线来加强真实场景下的人物、景物照明的同时，要注意物体的亮部与暗部、主体与周围环境的照明光的控制，最佳亮暗光比的控制应在 3：1 范围之内。

5. 利用和加强色调对比

晨昏时间，天空微弱的散射光偏冷色调，色温明显高于直射光照明的晴天，在这个时间拍摄夜景，如果场景较大，需要的灯具也就越多，3200K 的灯光色温同现场大约 6000K 的天空散射光的色温会形成较大色温差距。通常按照灯光色温调整白平衡，形成比较明显的色调上的暖冷对比，这种对比，可有力地表现创作者的想法。创作者可通过画面冷暖色调的多与少、强与弱的对比，抒发感情，增加联想，表达主题。

6. 展示空间深度

夜景画面的最终效果是给人眼以真实的夜景感受和夜景气氛的再现。造成夜景效果失真、缺乏夜景气氛的主要原因之一是夜景缺乏透视，尤其是在夜间拍摄的夜景，被摄体照明效果良好，周围却一片漆黑，人物如同贴在背景上一样。要避免这种情况的发生，在电视照明中，除了注意选择合理的夜景拍摄时间外，在对人物和环境的照明造型上需要下一番功夫。特别是在不同的景别照明中，不能把所有的照明力量都用在被摄体身上，而忽视其他部分的照明。在透视的处理中，远景和全景的照明不但要考虑到主体及主体区域的照明，还要考虑镜头视角之内的主体所处的环境、背景的照明。例如用灯光模拟路灯的照明效果，主体正置于近处"路灯"的照明之下，在首先塑造人物的前提下，还应用适当的光源去模拟镜头纵深处的第二个路灯、第三个路灯……有时可能还要用灯光适当照顾一下远处的楼房。中近景画面的照明中，在注意照明主体的同时，也应考虑到周围环境，使其有适当的层次。总之，主体及主体区域以外的背景处的延伸照明，如远处顺序排列的路灯、胡同深处从门缝和门窗透出的丝丝光线、远处船只上橙红色的光亮等的模拟照明，具有同主体照明同等重要的意义，它可突破画面两维空间的限制，加强纵向透视，形成画面真实的立体空间。

7. 设计或采用逆光照明

逆光照明方式能使夜景照明效果真实可信。"如果你从前面打灯，整个场景就平淡单调，就会出现一种令人不舒服的近似白天的效果。如果你把灯放得太靠前，直接给演员打侧光，这个画面看上去就特别不舒服，也就更难想象到这种效果是夜景了。"① 因为夜景总跟一定量的亮暗反差联系在一起，正面的平光照明会平淡一片，被摄体表面缺乏亮暗对比，夜景感觉淡弱，如果采用逆光或接近逆光的照明，同时适当地加用辅助光，夜景效果以及给人眼的感觉就真实可信了。

夜景策划、设计和拍摄，能检验创作者的艺术功底、文学素养、审美情趣。夜景创作对照明工作者更是一次考验。夜景拍摄的同时也是照明工作者施展才华的机会。夜景的拍摄要求我们在用光中寻找用光真实的"依据"，需要我们有驾驭镜头的能力，需要我们兼容电视技术与艺术，需要我们有审美的理想与超越。

第六节　室内自然光照明

人的一生几乎有三分之二的时间是在室内度过的。工作、学习和人际交往大多在室内。在电视节目制作中，室内环境的利用越来越引起人们的注意。有些电视节目制作的条件优越，人工照明条件良好，但为什么要到实景室内去采用自然光拍摄呢？奥秘就在于实景室内自然光有相当大的魅力，它所特有的那种环境气氛和光线效果是难以在人工景中用灯具模拟的。

一、室内自然光的特点

1. 光线有固定的方向性

无论室内的门窗，还是工厂车间内的天窗，它们通常是固定的，不会轻易挪动改变，室内的主要光线是通过门窗进入的，光线有其固定的方向性。

2. 光线照明细柔平缓

凡进入室内的光线，大多数要通过许多介质：纱窗、玻璃、窗纸、窗纱、窗帘或磨砂玻璃等后进入室内，由于介质的吸收、扩散和不规则地散射，到达室内的光线在亮度、照明强度方面都会随之减弱，有柔和细腻的过渡层次。这种柔和细微的光线变化，有时在室外只有半阴天和阴天状态下才能见到。

3. 门窗亮部与环境暗部亮暗差距大

由于室内环境反射光能力明显比室外自然光下的周遭景物反射光能力差，构成了这种亮暗差距大的特点，尤其在室内有直射光照明时，被照明物体亮处与未被照明物体暗部反差更为明显，一般都超出了胶片或磁带的宽容度。在实

---

① 阿-阿瑟·英格兰德、保罗·佩佐尔德：《电视影片的摄制》，张园译，中国电影出版社，1987，第 177 页。

际拍摄中，被摄体离光源越近，反差越大；距离光源越远，反差越缓和。

4. 富有浓郁的环境气氛

在电视画面表现中，人们力求缩短观众同画面的距离，使画面具有吸引力和一种引人入胜的效果，也就是说，使画面具有引导观众进入某种"佳境"的能力。怎样才能引导观众进入佳境呢？首先要依靠被摄体所在的真实的环境和环境内特有的气氛。室内自然光的最大魅力就在于能够造成真实的环境气氛，这种真实的气氛与效果是人工光线难以准确模拟和实现的。

实景室内自然光的这些特点，构成了它自身的某些"个性"，在电视片拍摄用光中形成了其光线照明风格。

二、室内自然光用光方式

室内自然光的一切用光方式均以突出室内自然光的气氛和光线特点为前提。用光讲究合理、准确，同时要充分发挥室内自然光照明的长处，利用一切可行的客观条件，达到较为理想的用光效果。

（一）较大场景

室内大场景的用光主要指在电视创作中以强调其环境气氛、特征和环境的视觉语言表述为主的大场景的光线处理，如车间、会议室、礼堂等，让观众在视觉上有个宏观的把握。

1. 运用逆光照明强调现场气氛

在室内大的场景，如繁忙紧张、热火朝天的工厂车间，热气腾腾、拥挤热闹的餐馆，空旷宁静、光调柔缓的陈列室等处拍摄，最好采用室内自然光的逆光或侧逆光，这种光线能加强和突出现场气氛，收到气氛浓烈、环境特点明显的效果。通常这种大场面室内逆光亮暗反差太大，可考虑以环境亮处订光，这样真实而浓郁的气氛就能很容易地表现出来了。在这种大的场景中拍摄并交代环境气氛时，应避免使用顺光照明，因这种光线往往会使前后物体叠加在一起，缺乏前后物体的层次关系，使原有的现场气氛效果大为降低。

2. 注意室内自然光与现场光的综合运用

现场光就是拍摄场景中存在的、非创作者人为加上去的光源。如熊熊的炉火光，闪动的电焊光，机器旁、展览厅内的照明灯光等，我们统称为现场光。这些拍摄现场已有的光源，比较真实与自然，而且亮度也较高，有现场特有的气氛，是我们艺术创作不可缺少的、需要充分利用和表现的对象。如果注意室内自然光和现场光合理的综合运用，不仅可提高室内的照明亮度，而且还能弥补自然光的照明不足。以自然光为主时，现场光可作为辅助光，给予暗的部分以补充照明。以现场光为主时，自然光可作为补助光，照明其他部分。另外，在照明处理中，不要人为地改变现场光的原有状态，以免出现人为做作、光线效果不真实的现象。

3. 利用室内自然光与现场光色温的不同，造成色彩上的冷暖对比

室内自然光与现场光综合运用时，要注意这两种不同的光线色温给画面带来的色彩的不同变化。室内自然光色温通常在 5000K 至 6000K 之间（这种色温很不稳定，主要是由于受室外自然光的变化影响及室内环境的影响），现场光色温一般在 2500K 至 3200K 之间，有时不用人为平衡两者色温，有目的地按照日光色温调整摄像机白平衡，画面会出现冷调与暖调的对比，容易表现气氛。如钢花、炉火呈现橙红的暖色调，周围环境呈现偏蓝的冷色调，夸张和利用色温的不平衡，能收到特殊的艺术效果。

4. 室内自然光与人工光线巧妙配合

在室内用自然光进行大场面拍摄时，一般来讲，宏观的大场面利用自然光能够得到恰当的表现，但有时场景内的某些局部、细节仅靠自然光照明就难以得到正常再现了。为了弥补这种不足，可考虑加用人工光线强调局部层次，展现细节。在以室内自然光为主的大场面用光中，一旦加用了人工光线，要注意不要破坏和减弱原有的现场气氛和透视状态，不要留下过多的人工用光痕迹。

（二）较小场景

室内小场景的用光主要指对以人物为主加部分环境背景光线的处理，在用光中一般要注意以下几个问题。

1. 注意背景及环境的选择处理

室内自然光与室外自然光照明是不同的，两者差别在于：室外自然光照明下的景物，前后景物接受了同样的照度，反映在画面中只有景物本身明暗的不同和接收光线照射后反射光线多少的差异，而没有照度上的不同。而室内自然光照明下的景物，离光源近则亮，远则暗，差别很大。在室内拍摄以人物为主的画面时，要防止人物深色的部位，比如头发、衣服等与暗色的环境背景相重叠，否则会失去环境特点，人物外部轮廓特征也不能正确表达。这就要求我们对背景进行恰当的选择与处理，把主体衬托在稍亮或有层次、有环境特点的背景上，使其在影调、色调上同主体有区别，必要的时候还可用反光工具给背景及环境适当加光，但要防止背景亮度超过人脸而出现喧宾夺主的现象，一般来说，背景亮度以不超过主体的亮度为好。

2. 充分利用反射光

在室内自然光下拍摄以人物为主的画面时，首先要确定主光的位置，借助一个门窗作为被摄体的主要光源，照明其主要部位，有时可形成人物的侧光或斜侧光照明，强调人物的立体形态。但有时容易出现明暗反差太大现象，这就要充分利用室内四周墙壁的反射光作为明亮而柔和的辅助光照明，使被摄体表面亮暗过渡层次柔和、细腻。在多窗的室内拍摄人物，可靠近并利用一面窗子作为人物的主光，其他的窗子作辅助光，有时能收到较理想效果。在既少窗，室内墙壁反射光能力又差时，可考虑使用反光工具进行辅助光照明，缓和反差，以求得柔和过渡层次，丰富画面影调对比。

3. 利用逆光照明交代情节

以人物为主的室内自然光逆光照明是一种比较难以处理的光线。它有强烈的反差，有时要以亮的门窗作背景，照明效果和造型表现都受到影响。使用好室内自然光逆光，要注意以下几个方面的问题。

（1）人为调整被摄体自身的强烈反差。强调方法一般有两种：一种是在以表现被摄体暗部层次为主时，可使用人工辅助光提高其暗部的亮度，尽可能地把亮暗光比控制在有效宽容度之内；再一种是人为舍去暗部层次，以被摄体轮廓和亮的背景订光，按照亮处曝光，形成被摄体剪影和半剪影的效果。

（2）注意背景的选择和处理。逆光拍摄常以门或窗为背景。由于景别的不同，门窗部位的各种线条经常会出现在人物的头部、背部和腰部，重者会分散观众的视线和注意力，破坏画面的稳定、和谐，轻者会影响画面构图和出现亮部光线眩光现象，造成视觉上的不适。出现以上情况时，若不改变原来用光，要尽量避开门窗，有时可人为地对背景进行有目的的处理。电视剧《南行记》中，老作家艾芜作为该片的主线，不时地出现在画面中，向观众讲述自己的故事。艾老的书房宽敞明亮，每次出镜头均以他的正面逆光为主，背景大面积亮的窗子进行了人为处理，垂落的条条白色的窗纱恰到好处地遮挡了窗子部位和窗外杂乱的线条，使整个背景形成了单一的浅色调，人物形象突出，环境特点明显，较好地弥补了逆光照明在背景上出现的不足。在电影和电视剧拍摄中这种方法使用得较为普遍。

（3）注意不同天气条件对室内逆光照明效果的影响。天气条件的变化包括晴天的直射光和阴天的散射光照明两大类。晴天的直射光照射在门窗上，其光质硬且亮度高，容易形成门窗处强烈的亮暗反差，室内辅助光的亮度很难与之匹配，特别是在画面中有直射光直接进入时更难调和；阴天的散射光线平和、亮暗均匀，无论在室内还是室外都能形成一定的散射光交织网，给予背阴处以适量的辅助光照明。如果选用阴天的散射光作为室内的主要逆光照明光源，可收到预期的效果。另外，也可考虑门窗处无直射光照明的晴天，一天中光线入射角较小的时候的光线，同样也可收到良好效果。

第七节　反光板的使用与效果

反光板属于人工光线的一种，在外景中经常被使用，是照明工作者外景照明中有力的照明工具。

一、两种类型

反光板一般分为两种：柔和反光式和单向反射式。柔和反光式反光板，光源性质属于散射光，照明效果平涂柔和，无明显光线投影，物体表面层次再现细腻，光线散射照明的面积较大，人们称柔和反光式反光板的光是软质光。单向反射式反光板，光源性质属于硬质光，由于使用的反光材料不同，使它对接收来的光线大部分能反射出去，如同平静的湖面产生的单向反射光一样，这种反光板照明投射距离远，被照明的物体表面有明显的投影。

二、多种形式

反光板的样式、规格、尺寸没有具体的规定，只要使用方便、照明效果好就可以。在影视制作中，无论国内或国外，反光板的样式各异，大致可归纳为以下几种。

1. 可调式反光板

这种反光板使用时放在反光板架子上，架子可在地面上多方向移动，还可像灯具架一样升降。反光板置于架子上后，可改变其反射角度，能做到平反射和仰反射。

2. 折叠式反光板

为了保证画面照明效果并携带方便，可把反光板改造成单向折叠式或多向折叠式，用时打开，用完合上。这种反光板可用于小场景辅助光，也可用于多人物稍大场景的辅助光照明。

3. 抽拉式反光板

几块反光板同时插在木制（或铝制）隔层内，平时看上去似是一块反光板，用时可左右或上下拉开，一块反光板可"变"成多块。小场面打辅助光时用其表层一块即可，稍大场面或多人物照明时可拉开使用。

4. 卷帘式反光屏

用布或能卷曲的材料表面喷涂或贴上反光物质而成，它像"轴画"一样，用时拉开。小块状的一人可拉开，大块状的需两人或几个拉开使用，照明面积较大，特别适用于人多的大场面，这种反光屏外拍时携带十分方便。

5. 白布拽拉式反光屏

用一块白布作底基，底基要结实、耐拉耐拽，表面同样喷涂或粗贴上反光性能较好的材料。这种反光屏可大可小，大块的可几人拉开，用于大场面的面上补光。用毕后可随便放置，也可像纸团一样地把它塞在某角落。有时在电视艺术片拍摄中，可用这种反光屏遮光，造成一种特殊的镜头明暗配置效果。

此外，还有各种规格、大小不一的单块反光板。反光板（屏）表面使用的反光材料一般是无颜色的锡纸或白布、白纸、金属薄片等。使用锡纸之前，通常要先揉搓一下，增加其表面的皱褶，使它能产生出柔和的散射光。如果不揉搓，保持锡纸表面平洁程度并直接贴到反光板表面，就变成了单向反射式的硬质光了，这种反光板使用的机会不多。

三、反光板的优点

1. 光色正常

反光板一般用于在外景照明中弥补日光照明的不足，给被摄体以辅助光照明，接受照明的部位一般是处在直射光照明下的暗部。被太阳照明的物体受光部位与未被照明的阴暗部位反差太大，对于摄像机来讲，更需要在用光上加以校正。担任这种"校正"任务的反光板由于其表面反光材料呈白色，接收并反射的光线与现场光的光色吻合，不会产生任何差异。如在正常的直射光照明5600K的色温下用反光板给物体暗部补光，其反射光色温与直射光色温一致，不会由于加用了反光板而出现任何偏色现象。

2. 直接或间接地利用日光

电视照明最大的工作量莫过于拉导线（一根长100米三芯铜线电缆百余公斤）和架灯具（外景灯光照明，灯具多，体积大）。这且不说，有时还要为日光与灯光色温的平衡问题而大伤脑筋。即使用的是5000K左右高色温灯具，因外景照明主要的光源日光受一天内时间的变化影响，光色不稳定，仍然会出现偏色现象。灯光与日光是"矛盾"的两个方面，而日光与反光板却是"珠联璧合"，配合十分默契。反光板给照明人员带来了很大方便，不需能源即可获得良好的光线和光色效果。

3. 制作简易且携带方便

在外景拍摄中，一块反光板就是一个小发光体，无论在陆地还是在海洋，无论在室内还是室外，无论是车内还是车外，它为我们照明造型提供了方便，特别是对时效性强、灯光照明条件不具备的节目和环境来讲，更具实效性和实用性。反光板因其制作简易、外出拍摄携带方便、照明效果好等特点，甚为照明工作者所钟爱。

四、反光板的作用

反光板的良好造型效果，不仅对偶尔使用反光板的人来讲，甚至对经常使用者而言，也有出乎意料之感。

1. 缓和反差，显现暗部层次

无论内景人工光线照明还是外景自然光照明，物体受光部位同其暗部两者光比不能大于 3∶1，这是一般摄像机的技术性能所限定的，当然创作中的特殊想法或效果除外。反光板的最主要任务就是给予日光照明不到的暗部以辅助光照明，再现暗部原有层次，调节和控制画面明暗反差。如在直射光照明的逆光、侧逆光情况下，人物或物体被照明的轮廓、线条较亮，而脸部及物体没有被照明的部分较暗，两者反差很大，远远超出摄像机记录能力的范围。在这种情况下，反光板能发挥很好的作用，它能按照照明者的创作意图、想法要求进行调节，把人物或物体的明暗反差控制在摄像机允许的范围之内。反光板还可用于日光侧光照明时暗部的补光和顶光照明时眼眶内、鼻尖下、颧骨下的阴影部分补光。凡使用反光板给予场景或物体暗部以适当的辅助光照明的画面，明暗反差适中，亮暗过渡层次丰富细腻，立体感和质感能得到较好的体现。

2. 校正偏色，力求色彩统一

由于摄像机记录景物亮暗能力有局限性，一旦镜头视角内的景物超出亮度比和光比范围（实际情况常常是这样），摄像机就显得无能为力了。如在直射光的逆光、侧逆光、树荫、楼阴下拍摄时，常因人物或景物暗部同亮的轮廓和亮的背景形成较大的亮暗比差，致使人物或景物的暗部受环境和照度不足的影响而偏色，暗部与亮部色彩发生偏差，不能正常体现暗部原有色彩。这时，可利用反光板给暗部加光，提高暗部基础亮度，缩小两者比差，使其同亮部保持适当的光比，最大限度地利用摄像机记录光与色的能力，尽量避免由于亮度低造成的偏色现象，保持画面中亮部与暗部、画面与画面之间色彩的和谐统一。

3. 具有"移光"效果

"移光"也叫"借光"，在拍摄现场光线不足、照明不平衡、照明条件又不允许加任何灯光的情况下，可使用反光板把 A 处的光线"移"至 B 处，提高或弥补 B 处原有照明的不足。如在电视照明中，实景照明占比例相当大，照明环境、条件等远不如演播室内的照明。有时在飞机、汽车、轮船、火车上等照明条件不好的地方拍摄，可发挥反光板的优势，把有直射光照明处的光线或只有散射光照明但较拍摄处光线充足的光线"移"或"借"到所需处，作被摄体或环境的主要光源。有时条件允许，可使用大块或多块反光板，但要注意反光板应尽量从一个"光源点"上反射，防止在被摄体或其所处环境内出现过多虚假投影，同时也应注意光线投射高度以及光线来源的真实性。

4. 修正日光不足，达到照明平衡

外景照明工作，照明人员创作的"伸缩性"很大，有时可直接干预自然光的照明，使其达到理想的创作要求；有时也可什么也不管，只当"灯光照明"师，似乎外景自然光照明已是十全十美。实际上，无论是直射光照明还是散射光照明都存在着很多缺陷和不足，需要我们加以修正和弥补。在直射光照明下，怎样才能保证正常再现整个场景或画面的基本色彩，怎样才能将亮暗两部分反差控制在摄像机"宽容度"之内，怎样才能有效提高场景内某一部分的照明亮度呢？反光板能帮助创作者实现这一切。在场景内整体亮度比较高但某些局部又比较暗的情况下，可用一块或数块硬质光性质的反光板加以补充照明，提高其亮度，增加场景层次，达到整体照明的平衡。

5. 模拟真实的效果光

所谓效果光，指在外景照明中的水面波光的闪动效果、树影下斑状的光线效果、通过汽车玻璃和平静的湖面单向反射出的光线效果等。这些效果光，都可利用反光板加以模拟。我们在实践中多次使用了这种方法，效果比较理想。比如在拍摄电视剧《继母》时，剧中刚结婚就当继母的女主角肖然被儿子气得冲出家门跑到湖边时，逆光的光线在湖面上波动，波纹闪动的光线反射到她的身上，微弱的波光在肖然的脸上闪动，这种效果正好与剧中人物的心理和心情相吻合。但眼睛观察到光线效果及波动变化，到了摄像机里却几乎没有了。当时为了再现这种波光闪动的反射效果，想了很多办法，最后还是借助反光板才满足了要求。我们在靠近湖水水面的位置上放了两块反光板，光线自下而上经反光板反射到人物身上，两块反光板抖动的频率要有所不同，把光线自下而上交叉地投射到人物脸部和身上，反光板的抖动方向最好是上下波动。这样，真实的水面波光闪动效果就出现在女主角的身上了，有效地烘托了画面气氛，用光线表述了剧中人物的心态，光线变成了画面的视觉语言，直接参与了画面的创作。

反光板还可以模拟烛光、篝火光、马灯光、灶台光等效果。

6. 在场景内作底子光

内景照明主要依靠灯光，但反光板也经常能派上用场，发挥着其他灯具不能发挥的作用。如在整个布光之前，首先要在场景内有一个基础照明，即人们常称的底子光照明，使整个场景有个基本亮度，满足摄录像机对光线亮度的最基本要求。常用方法是把灯光打在反光板上，借助反光板的反射，形成柔和的散射光，以此提高环境内的基础亮度。再如用反光板作人物的辅助光，效果很好，光线非常柔和、细腻。在内景照明中把灯光打在白布、白纸、白色墙壁上，也能收到近似的效果。

五、反光板使用中常出现的问题

1. 反射光太强、太亮

反光板与主光光比处理不得当，差距太小，会出现不加反光板则已，一加就过的现象，使观众视觉感受失常，使画面中的人物变成了"玻璃人"和"透明人"。造成这种现象的主要原因是反光板距离被照明体太近或使用了单向反射式反光板等。由于反光板造成的辅助光过亮，使人眼感觉非常不适，人工用光痕迹过重。"使用反光板或灯作为辅助光的全部艺术在于不使人们察觉到使用了它们。"①

2. 反光板位置不准确

反光板放在什么位置上照明，对一位照明师来讲，应认真地加以对待。反光板作辅助光时，反射光的基本原则是：不能在被摄体表面产生投影，不能造成第二主光的印象，不能同主光形成夹光效果。以下给出了几种基本情况下的反光板作辅助光时的位置图例。

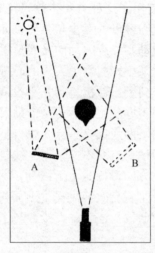

图 7-2　反光板位置不正确

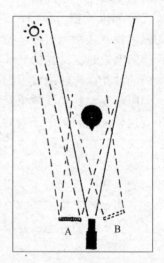

图 7-3　反光板位置正确

图 7-2 中，A 处反光板或 B 处反光板正在给逆光照明的人物以辅助光照明。反光板所处的位置不正确，很容易在人物的脸部和身上产生不应该出现的投影，给人以多光源、光线效果不真实、人工用光痕迹太重的印象。

图 7-3 中，反光板无论在 A 处还是在 B 处，要尽量与人物视向相对并紧靠摄轴线，就不会在人脸部、头部、衣服上产生不真实的投影。

图 7-4 中，被照明的人物视向发生了变化，从摄像机角度观察，可发现人物的侧面前额、鼻梁、唇颏、脖颈、肩胛、前胸等部位亮的轮廓线条优美突出，其他部位处于暗部。如在 A 处或 B 处、C 处用反光板作辅助光照明，势必造成人物脸部较明显的夹光效果。

---

① 阿-阿瑟·英格兰德、保罗·佩佐尔德：《电视影片的摄制》，张园译，中国电影出版社，1987，第 130 页。

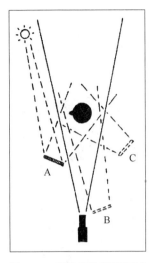 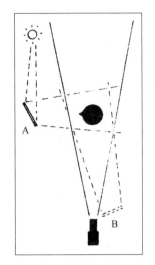

图7-4　反光板位置不正确　　　　图7-5　反光板位置正确

图7-5中，A处反光板所在位置正确，从摄像机角度观察，会发现被照明体由亮的轮廓线条至暗部有光调的细微变化，亮暗层次过渡较丰富。如果感觉人物侧向摄像机一面的头部还需加辅助光，可在紧靠摄轴线的B处加一块反光板，但B处反光板的亮度一定不能超过A处反光板的亮度，否则会出现轮廓光与B处反光板光线的夹光照明效果。如果没有A处反光板的存在，B处反光板就没有存在的意义。

见图7-6，A处反光板专门给图中右边人物打辅助光，缩小其亮暗差距，使其亮暗有较丰富的变化；B处反光板主要给面对镜头的人物打辅助光，反光板要靠近摄轴线，否则会在人脸部产生明显投影。如果只有一块反光板，其照明的最佳位置应该在B处。

图7-7中，A处反光板照明的主要对象是离镜头较远的两个主体人物，B处反光板是A处反光板照明的补充，其照明亮度不能强于A处反光板。

反光板作主光，一般用于环境照明条件较差时。反光板的主要任务应该是组织起画面的影调对比，形成光调的合理配置，担负起光线描绘、造型的作用。同时要尽量处理好光线的投射角度，反射方向要真实，高度要适当。使用多块反光板时，要注意主光光线的统一。

3. 反光板角度偏低

在电视照明创作中，许多人比较重视室内、棚内、演播室内的灯光照明，而常常忽视外景的自然光照明。外景中反光板照明角度偏低，是一个司空见惯的现象，几乎是视而不见、习以为常了。如单块反光板在使用时经常是立在地面上，靠在腿上等，致使辅助光角度明显偏低，有时甚至出现程度不同的脚光效果，使被摄体的描绘与塑造受到很大影响。

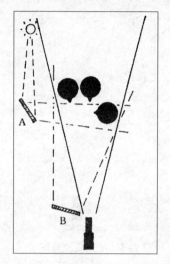
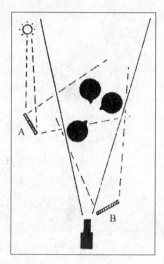

图7-6　多人物反光板辅助光照明（一）　　　图7-7　多人物反光板辅助光照明（二）

4. 区域性照明，光痕明显

所谓区域性照明，是指被照明体在一个区域内或随镜头运动的几个主要区域内，反光板辅助光照明效果较好，而走出那个区域时，反光板辅助照明即刻消失。如果镜头运动的方向是由 A 点至 B 点，也就是说起幅是 A 点，落幅是 B 点，那么就会出现这样一种情况：镜头在 A 点和 B 点时，反光板辅助光照明效果很好，而介于 A、B 点之间的一段距离上，却没有辅助光照明，被照明体随镜头的运动是由明到暗，由暗到明，一会儿正常，一会儿不正常，致使光线效果虚假，人工用光痕迹太重。

如图7-8，A 点是镜头起幅，B 点是镜头落幅，两块反光板各自固定在摄像

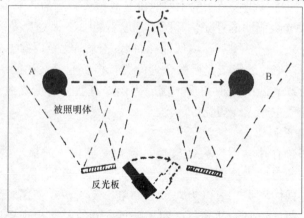

图7-8　区域性照明

机左右两侧位置上。当被照明体从 A 点走向 B 点时，有一区域内反光板辅助光照明消失，只有日光的逆光照明，接近 B 点时，反光板辅助光又出现了，这种区域性照明应尽量避免，可采取以下几种方法处理：

1. 用反光板摇跟；
2. 用反光板移跟；
3. 用反光板"接力"；
4. 用大块反光布、屏照明。

★ **本章思考与练习题** ★

1. 外景自然光照明的优点是什么？
2. 外景自然光照明有哪些不足？采取哪些方法加以修正与弥补？
3. 如何利用太阳初升和太阳欲落时间的光线表现气氛？
4. 顶光照明时间，怎样化弊为利，完成画面的基本造型？
5. 直射光照明的三种形式指的是什么？为什么说三种形式之间具有很强的互补性关系？
6. 表现被摄体的立体感、质感和画面的空间透视感，分别选择什么样的光线形式最佳？
7. 散射光照明与直射光照明有什么不同？同时简述各自的利弊。
8. 雨雪天光线效果的特殊魅力体现在哪些方面？
9. 夜景拍摄为什么不选择在夜间进行？
10. 日出前及日落后一段时间里拍摄夜景的好处有哪些？
11. 夜景拍摄前需考虑些什么？光线设计的基本思路又是什么？
12. 为什么在夜景拍摄中要求用光要有依据？要求光线要有来源？
13. 室内自然光的特点是什么？怎样充分利用它？
14. 反光板的作用有哪些？
15. 在反光板的使用中经常会出现哪些问题？应怎样解决？

第八章　内景人工光线照明

★ 本章内容提要 ★

人工光线照明的特点和任务。

人工光线照明使用的灯具。

人工光线的 5 种光线成分，是电视照明用光的基础，要掌握和理解每种光线成分的具体作用与用光要求。

静态节目主持人形象造型的重点，是熟练而准确地利用不同的光线组合进行光线造型。

不同景别的用光有不同的要求与侧重点。

动态人物用光与静态人物用光的各自特点与必然的联系，静态人物用光是动态人物用光的基础。

内景照明主要是指在室内或电视摄影棚内，用人工光线对场景、人物等进行光线造型。场景的选择比较接近实际生活的真实环境，也就是说实景比较多，如居民房间、工厂车间、会议室、陈列室、会客厅、教室和摄影棚、演播馆等。

内景照明不受自然界天气变化和时间变化的影响，能够按照剧情的要求和创作意图，依靠某些照明器械，进行场景复现、人物刻画、气氛渲染、空间展示。内景照明同外景照明相比较，有两个方面的不同。首先是光源的不同，外景照明的主要光源是太阳，一切布光设计与实施，常常要依太阳的变化而改变，受时间、环境、亮度、光线条件、天气条件等因素影响较大；而内景照明的光源是各种不同类型的灯具，其亮度、方向、高度、距离、色温等因素可以根据创作者的意图进行调整。再者，是场景的不同，外景照明是以大自然的某些场景中的环境、人物为对象，以大自然中太阳的光源为基础，进行辅助和选择性的照明创作，有灵活性。而内景照明（大部分为实景照明）的场景，受实际情况限制很大，为模拟和再现生活中的真实光效，内景照明的人工光线设计和实施与外景照明相比较要复杂得多。内景照明和外景照明属于照明中的两大范畴，各有特点。我们要充分发挥其各自的优势，挖掘其最大潜力，使其为描绘、塑造形象和表达剧情服务。

第一节　内景人工光线照明的特点

一、模拟和再现自然光效

内景照明的一切光线照明效果是从再现和模拟真实生活中的自然光效而来的。它不同于舞台的戏剧照明和演播室中的文艺性节目演出的现场光线照明，它比较讲究照明的真实感和用光的依据。生活的真实是电视剧内景照明的前提。

二、创造和渲染环境气氛

电视内景照明在不违背生活真实的前提下，可以更加典型地创造环境，使其更符合剧情的要求和环境的塑造。同时还可利用有依据的多向光源，完美地创造人物形象。除此之外，内景照明又多为实景照明，实际生活中的环境和生活气氛较浓，可利用照明的有效手段加强、渲染这种气氛，表达时间观念和现场特征，进而体现剧情和主题，烘托人物，刻画人物的性格特征。

三、具有浓郁的感情色彩

照明也是一种艺术创作形式，灯具如同画家手中的笔、雕刻家手中的刀一样。可根据剧情的需要，利用灯具和灯具打出的各种光线进行创作，表达作者对剧情的理解、对主题的感受和通过不同的光线效果抒发感情。有时光线可变成某种视觉语言，参与剧情的发展。所以说，内景的人工光线照明具有浓郁的感情色彩和主观因素。

四、具有细致的布光程序

内景照明中，每成功地取得一种光线照明效果，都能反映出作者对剧情的透彻理解，对光线的正确认识，对光效的精心设计。光线的每一个微妙细小的变化，都是作者创作思维的体现。我们可以说：剧情的透彻理解、照明的整体构思、光效的精心设计，是布光的前期程序；照明的有主有次、有先有后、有重有轻、由面到点是布光的后期程序。就是说，照明是一种创作，是用光线来作"画"的艺术。内景照明细致的布光程序如同画家准备动手画一幅花鸟画一样，首先是面对画布（纸）凝思审视，然后动笔勾出花枝的主要线条，再配以绿叶陪衬，接着点出花丛中窃窃私语的小鸟，之后对局部进行适当补充和修正，这样一幅花鸟画便跃然纸上了。内影照明同绘画虽然没有直接的联系，但在创作上，它们都有相通之处。

五、对照明亮度有基本要求

电视内景照明与电影内景照明对亮度或照度的要求是有所不同的。电视照明需要有一个基准亮度，以保证摄录技术上对照度的基本要求，一切照明效果的实现，均要以此为前提，这是再现环境、人物、气氛的基础。电视内景照明常常采取"先铺后塑"的方法，即：先给所拍场景一个基础亮度，也就是铺上"底子光"，在此基础上，再打出或塑造出各种光线照明效果。

电视内景照明的基本任务是：

1. 用人工光线表达剧情和主题；
2. 模拟和再现生活中各种特定的光线照明效果；
3. 表现时间特征；
4. 再现环境气氛、特点；
5. 完成环境、物体、人物的造型；
6. 满足摄录技术上对光线亮度的需要。

第二节　对人工光线的认识

人工光线即创作者依据剧情内容、创作意图、艺术构思，利用某些照明器械所创造的光线。

人工光线具有运用上的灵活性，可随时调整和改变光源的投射方向、高度、亮度。但它的灵活性常会给创作带来盲目性，要注意防止用光线对真实生活进行主观臆造。人工光线是根据自然光和生活中真实的光线效果、特点发展而来的，所以要求人工光线要有逼真的生活气息，力求内容的真实与形象的真实，而形象的真实又要求人工光线照明的真实。

人工光线的运用要有明确的创作目的，要有对创作内容的透彻理解和光线的完美构思，要让它在塑造形象上和技术上发挥双重作用。人工光线有其自身的特点和表现任务，它在创作上的作用是不能低估的。

纵观电影和电视发展的历史和现状，我们对人工光线的认识，还有待于不断深化。在电影和电视成为两门艺术的最初阶段，人工光线照明的任务只是满足技术上曝光的需要，没有人认识到它在艺术创造上具有潜力，只是用于强调和追求演员的表演、导演的场面调度、镜头的运用技巧，甚至出现几盏灯"包打天下"的现象。随着这两门艺术的不断发展、成熟，以及观众观赏层次的提高，人们逐渐认识到了光线会给画面带来不可忽视的影响。人工光线照明由画面形成的"附属工具"逐渐地显露出了"头角"，争得了艺术创作中的"一席之地"。现在，我们可以说，照明是艺术创作的一个组成部分，是电视创作的艺术群体中的一个"角色"。这个"角色"有它独特的"语言"表达形式。任何对人工光线的不全面乃至不正确的认识，必将导致这门艺术的停滞不前和无所作为。

　　灯具是实施照明手段的工具。了解灯具，要做到如同画家了解手中的笔一样，才能很好地利用现有灯具完成场景、物体和人物的塑造。

第三节　人工光线照明使用的灯具

　　人工光线内景照明灯具按种类通常分为两大类：聚光灯和泛光灯。

　　聚光灯是指通过一定的机械装置对光照输出进行调焦控制以产生聚光效果的灯具。聚光灯采用点状光源灯泡形成点聚光源，灯泡光源的种类决定光源的色温，可采用卤钨灯泡、金属卤素灯泡或 LED 光源。聚光灯灯具发光强度大，亮度高，光线投射范围较窄，方向性强，能够通过调整灯泡与反光镜的距离或与透镜的距离调节光照范围和光线强弱。聚光灯光线投射距离远，有较强的光照输出，可以模仿日光的某些特点，由于是直射光源，光线性质较硬，能够使被照射物体产生明显的阴影，边缘清晰，轮廓分明。灯口处设有支架和遮扉，便于调整光线的照射范围及加装色纸改变光线颜色。聚光灯按聚光形式还可以具体分为螺纹透镜聚光灯、回光灯、PAR 灯等。

　　泛光灯是一种依靠漫反射镜产生均匀光质效果，用来尽可能覆盖较大照明区域的灯具。泛光灯的光学系统结构简单，没有透镜，不能调整焦距，只有灯泡和反光器件。一般设计成多灯组合式结构。泛光灯投射光斑柔和均匀，不会在被照射物体上产生明显的阴影，是软光型灯具。在舞台大面积照明时运用较多，也可以作为新闻采访时人物主光或影视拍摄中辅助光的使用。

　　随着近年来 LED 光源照明灯具的使用，也可以按照光源特性来分类：如卤钨灯、镝灯、三基色冷光灯、LED 灯等。很多年来，绝大多数的影视灯具基本上都没有什么变化。螺纹透镜聚光灯和散口泛光灯从问世以来就一直是布光的中坚力量，影棚柔光灯也是灯具领域的另一个重要灯种。在过去的 30 年，HMI 灯和荧光灯大量在影视行业被应用，并且已经改变了我们的工作方式。最近几年，LED 灯开始在专业影像领域崭露头角成为新的照明布光器材。新技术的发展使得灯具领域出现新的成员，这些灯具将推动影视照明的前行与发展。

一、卤钨类照明灯具

传统的钨丝灯（白炽灯）在影视照明中有使用方便的优点，但是光效低、寿命短。为了提高光效和寿命，必须在高温下降低钨原子的蒸发，因此目前影视照明中使用的钨丝照明光源通常是钨丝卤素灯具。即在钨丝灯内充入卤族元素（碘或溴），通电后在一定温度条件下，钨原子蒸发后向玻璃管壁方向移动，钨蒸汽在冷却过程中与卤族元素结合产生化学反应，形成气态的卤化钨（碘化钨或溴化钨）。卤化钨扩散后，会在灯丝上进行热分解，使钨重新附着在灯丝上，由此不断地进行循环反应，使灯丝的使用寿命大大延长，同时由于灯丝可以工作在更高温度下，从而得到了更高亮度、更高色温和更高的发光效率。

卤钨灯体积小、能效高，亮度最大可达 10KW，寿命可长达数千小时，缺点是使用时温度高，灯管内温度可达 1200～1600 摄氏度，灯管燃点时应呈水平方向，而且灯丝承受震动的能力较差。

卤钨灯长期在高温状态下工作玻壳会有变黑现象，导致灯壳玻璃透明度降低，且表面的污点、手汗等均会不同程度地造成上述现象，故在使用前应当用酒精棉或洁净布擦拭灯泡，并且在装卸时要戴上清洁的手套进行操作，以避免手上的污渍留在灯壳上形成热堵塞影响光输出，甚至造成灯具损坏。

图 8-1　卤钨类灯具灯丝相连通过热辐射现象发出 3200K 的光

卤钨灯灯具使用中要注意的一些事项：

1. 不能在超过额定电压的情况下工作，否则会烧毁。

2. 电源接触性能要保持良好，电源连接部位要结合紧密。

3. 工作时严禁直接进行风冷或水冷，以防止玻壳发黑甚至爆炸。

4. 灯具应储存在干燥通风处，空气中不能有腐蚀性气体。

5. 运输中防止雨水侵袭和强烈的震动。

常见的钨丝灯具按结构区分可分为聚光型（透射式、反射式）灯具、回光灯具等。透射型聚光钨丝灯主要用于影视拍摄中，是进行主光和辅助光造型的主要灯具；反射性散光性钨丝灯也常见于影视剧的拍摄，其光线分散均匀，通常用于底子光、背景光造型中；回光型钨丝灯主要用于电影照明、舞台灯光等。

常见的钨丝灯具按功率可从几十瓦至几万瓦。常用的功率参数有150W、300W、650W、1KW、2KW、5KW、10KW等。其中大功率的钨丝灯光亮度高、照射面积大，一般用于气氛布光，如模拟阳光效果，用大功率灯具可以减少人为布光的痕迹，营造真实的光线效果。中等功率的钨丝灯具（2KW-5KW）光线强度和照明范围相对比较适中，可以在中景拍摄中解决人物、部分景物和道具的布光。小功率钨丝灯具（1KW以下）投射距离短、照射范围小，一般用于局部照明、装饰性轮廓照明。近年来随着数字摄影机的性能不断提升，小功率照明灯具的使用也日益增多。

1. 透射式聚光型钨丝灯具

聚光型钨丝灯具最常见是菲涅尔透镜式灯具，主要由抛物面反射镜与螺纹透镜组成。光源射出的光线经镜面反射汇聚到聚光透镜上，形成均匀且柔和的光束。

图8-2　菲涅尔透镜式灯具

　　聚光型钨丝灯具的光源与聚光镜的位置可以前后调节，可以控制光线的聚散，光源远离透镜，光线就集中；反之，光线越散。

　　聚光型钨丝灯通常配合安装在聚光灯透镜前方的四叶挡光板（遮扉）使用，可以控制光线的范围和形状，也可以在遮扉上加柔光纸和色纸来调节光线。

　　2. 开放式反射型钨丝灯具

　　开放式反射型钨丝灯具是以椭圆形球面金属反射器作为光学部件，与光源组合而成的光学系统。因灯体外壳的颜色为橘红色或橘黄色又俗称红头灯或黄头灯。它的结构相对简单，为无透镜泛光灯具，灯口处设有遮扉和纱网，纱网可以起到安全保护作用，防止异物进入灯具，另一方面也可以使光线更加柔和、均匀。这类灯具可以通过调整尾部的旋钮控制灯管与抛物面反射器的相对位置连续调整光线的聚散，光源离反光器越近，光线越聚集，反之光线越散。灯具投射的光不仅具有投射型，还带有螺纹透镜聚光灯的均匀柔和、散射面大的特点，减轻了灯具的重量，简化了灯具的结构。

图 8-3　灯具通过为反光碗反射光源到菲涅尔透镜

　　开放式反射型钨丝灯具的功率有 800W（红头灯）和 2KW（黄头灯）两种常用规格，光效高、体积小、重量轻、便于携带。灯具既可以架在灯架上使用，也可以悬挂起来使用。由于采用了双端式灯管，要注意必须保持光源的水平，严禁将灯具倒置或垂直使用。

图 8-4　国产 800W 开放式反射型钨丝灯具

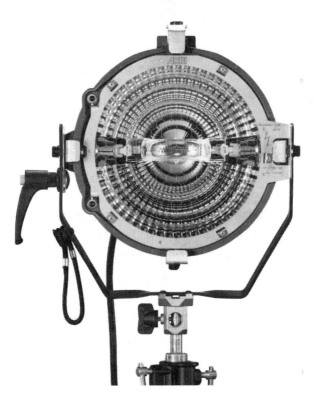

图 8-5　ARRI 改进的开放式反射型钨丝灯具（不含遮扉）

3. 回光型钨丝灯具

回光灯具以球面反光镜为反光部件，灯前没有螺纹透镜，具有光质硬、射程远、亮度高的特点，但是因为光源结构的原因，此类灯具会有光线分布不均匀的特点，所以通常运用在后景照明中，或作为远景轮廓光使用。

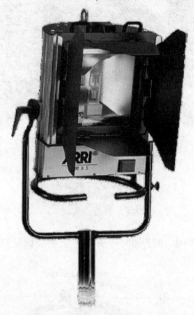

图 8-6　ARRI 回光型钨丝灯具

二、金属卤素灯

金属卤素灯又叫 HMI 照明光源，俗称镝灯。HMI 灯泡的外部是石英玻璃的灯体，这种灯泡内部没有灯丝，只有两个电极，其灯体内充满着水银蒸汽和金属卤化物混合的气体（镝碘化物和镝溴化物），直接接上市电电压不能点燃，必须先加高压使灯内气体电离。触发后，电极的放电电压进一步加热电极，形成辉光放电，在辉光放电的作用下，电极的温度越来越高，金属卤化物与汞扩散到温度很高的电弧中，金属卤化物被分解成金属和卤素，发射的电子数量越来越多，迅速转变为弧光放电发光，全部过程需一分多钟。由于金属的卤化物有比金属高得多的蒸汽压，而且化学性质稳定，不会和石英玻璃产生化学作用。HMI 灯是一种发光效率很高的灯具，其光谱与日光相同，具有良好的显色性，色温为 5000K~6000K，最主要的应用场合是电影和电视的外景照明。

与传统钨丝灯具不同，钨丝灯具使用白炽灯泡，可以直接使用交流电，而HMI 灯必须通过镇流器给 HMI 灯泡供电；并且 HMI 灯使用专用航空插头与镇流器连接。HMI 灯的镇流器在国内俗称火牛、电子牛等。

HMI 灯具在功能上分为聚光型和散光型，常见的划分为 125W、200W、575W、1.2KW、2.5KW、4KW、6KW、12KW 和 18KW 等。

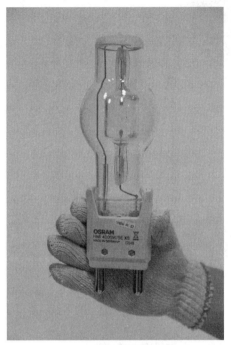

图 8-7 金属卤素光源通过电极放电发出 5500K 的光

图 8-8 菲涅尔透镜式金属卤素灯

图 8-9　金属卤素灯具全景（需要镇流器启动）

图 8-10　金属卤素灯具镇流器近照

1. 透射式聚光型金属卤素灯具

透射式聚光型金属卤素灯具的外部构造基本与卤钨灯一致，由灯具、镇流器以及灯具连接线等几部分组成。连接灯具和镇流器之前，首先要确保镇流器无电源接入，灯具开关处于断路状态。连接延长线要对准两端接口轻轻插入，旋紧外围的固定旋钮。连接线由于较长、较重，可以通过一根绳子将接头挂至灯弓架上，减缓连接线对灯头及连接线接头的作用力，以免损坏。

启动要检查透镜是否闭合，因为透射式聚光型金属卤素灯会产生对人体有害的紫外线，玻璃透镜可以将紫外线降低至安全标准，因此透镜与灯体之间有一个闭合电源开关的安全装置，如果没有闭合将无法启动。另外开启照明灯具时，不可将灯具直对人物，更不可将灯具直对人的眼睛。

透射式聚光型金属卤素灯在3分钟至5分钟后才能完全点亮，色温趋于稳定，严禁在完全点亮前关闭电源。同样，在灯具刚熄灭时，禁止马上再开启，需要等待3分钟至5分钟方可开启。

图 8-11　ARRI MAX 技术

MAX 技术是 ARRI 所开发并持有专利的一种独特的反射器技术。它集抛物面铝反射器与螺纹透镜的优点于一身，因此使用 MAX 技术的灯具为开面设计，格外明亮。光线可调角度超过35°，可打出清晰、锐利的阴影，凭借 ARRI 全新的反射器技术，无透镜的 18/12K ARRIMAX 灯具曾获得奥斯卡奖，MAX 技术意味着可以得到更多的光线，付出的劳动却更少。由于去除了笨重易碎的透镜，搬运和操作这些灯具的效率会明显提高，从而从整体上节约成本。M18灯具再次使用了该反射器，它增加了一个全新的亮度级别，并重新定义了片场的工作流程，这种结构使得布光更加便捷。

M系列形成了一整套高品质日光型照明工具，由五款先进的灯头组成，功率从800W到1800W均匀分布。MAX的开面设计与超高效率的反射器使它格外明亮，以ARRI M8灯具为例，M8是一款800W开面式灯头产品，是ARRI M系列日光型灯具的最新、最小的成员。它将ARRIMAX获得奥斯卡科学技术奖的无镜片光学技术融为一体，能够将聚光灯与PAR灯的优点合二为一。事实上M8的800W灯泡的输出可以与1200W聚光灯或PAR灯相媲美，只需旋转焦距旋钮，灯光的聚光范围即可从14.7°～62°之间任意调节，光区照度均匀，阴影锐利。由于去除了笨重易坏的透镜，M8将显著提高现场的工作效率。

M8小巧紧凑，体量轻盈，广泛适用于多种用途。从吊挂，难以企及的拍摄地到电影摄影棚，无论是拍摄采访、快节奏的纪录片、电视剧还是电影大片，M8都有它的用武之地。

2. 反射式直射灯具（PAR灯）

反射式直射灯具（PAR灯）小巧轻便，采用了抛物面镀铝反光镜，使灯具发光效率更高、射程更远。

反射式直射灯具除了要遵循透射式聚光型金属卤素灯的操作外，还要注意由于反射式直射灯的发光效率极高，因此不能将PAR灯直对人物打光，也不能直对易燃物体，否则会引起火灾。

图8-12 菲涅尔聚光灯（左）与PAR灯（右）对比照

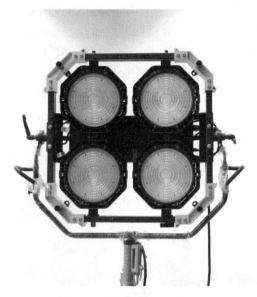

图 8-13　四头 LED PAR 灯

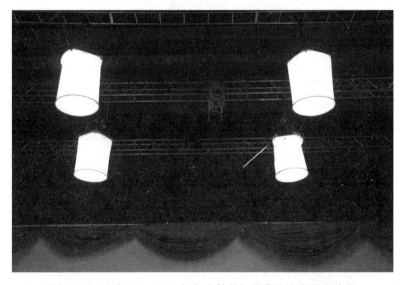

图 8-14　四头 LED PAR 灯加上柱状灯罩常作为底子光使用

三、三基色荧光照明光源

三基色荧光灯是灯管内壁涂布了三基色荧光粉，并充满了高效发光气体制成的，属于气体放电光源。

　　三基色荧光灯也需要镇流器启动，配套使用的镇流器分为电感型和电子型。相比而言，电子镇流器体积小，重量轻，寿命长，带有过电压自动保护和启动浪涌电流保护，可有效延长灯管寿命，并平稳调节灯管的亮度等优点。

　　三基色荧光灯根据色温不同分为暖光管、白光管、冷光管三种类型。

　　暖光管色温在 3200K 左右，能给人温暖、健康、舒适的感觉。白光管由于光线柔和，有愉快、舒适、安详的感觉。冷光管色温在 5300K 以上，有自然光下明亮的感觉。

　　三基色荧光灯发光效率是钨丝灯的四倍，但相比之下节能 70% 以上，灯管表面温度低，热辐射极少，被照射物体几乎无温升，所以又称冷光源灯，同时由于是面光源，光线均匀柔和。

　　三基色荧光灯还具有寿命长、显示指数高、可调光、安全可靠等诸多优点。

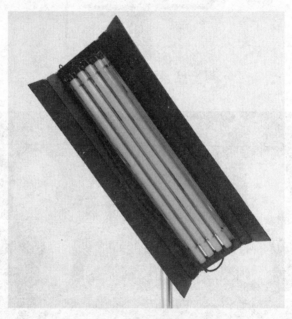

图 8-15　直管三基色荧光灯

四、半导体照明光源

　　半导体光源又称 LED 光源，又名发光二极管，是一种整个晶片被环氧树脂封装起来，能将电能直接转化为光能的半导体元件。其原理是其内部一部分是 P 型半导体，另一部分是 N 型半导体，两种半导体连接是形成 P-N 结，可以直接把电能转化为光能。LED 照明光源的主流是高亮度的白光 LED，白光 LED 是一种多颜色的混合光，具有丰富的光谱，不再具有单色性。

LED 照明灯具可以直接使用市电甚至可以外挂电池供电，因此它比高压电源更安全。LED 的发光原理决定了它的能量转化效率非常高、跟传统钨丝灯比，LED 灯达到 90% 的节能效果。正常情况下，其标称寿命为 10 万小时，减少了更换频率和其他维护工作具有高耐用性和高可靠性。LED 灯具备体积小、寿命长、稳定性好、响应时间短、显色指数高、色彩色温可调，价格相对低廉等诸多优点，可以说，LED 光源是未来最主要的光源。

1. LED 螺纹透镜灯

LED 螺纹透镜灯是随着 LED 光源发光效率和工艺水平的不断提高开发的一款新型灯具。在性能和操作上都非常接近传统螺纹透镜灯，甚至可以取代传统螺纹透镜灯。这类灯具和传统聚光灯一样，光束角参数可以调节、色彩高保真以及易于操作。发光效率高，100W 的光效与传统卤钨灯的 1KW 基本相当。

LED 聚光灯不需要独立的可控硅调光系统和独立的电源系统，通过旋钮或操作面板就可以调节光输出的照度、色温、色调。还可以通过调整聚光钮控制光场的区域，聚光操作沿袭了传统的菲涅尔透镜聚光灯的设计理念和使用方法。

图 8-16　LED 聚光灯

2. LED 灯柔光灯

LED 柔光灯即平板式 LED 灯，一般采用高显色指数小功率 LED 灯珠作为发光元件，形成大面积矩阵光源，具有光效高、显色性好、寿命长、供电简单等优点。用于影视拍摄、新闻采访和专题片制作时极为方便。可根据需要进行拼装使用，扩大光源面积。

色温可在 3200K～5600K 之间任意调节，并且可以在 0%～100% 之间任意调节光的输出量。

　　这类灯具不但可以使用交流电供电，还可以使用特定型号的外置电池供电，非常方便室内外使用。

图 8-17　LED 灯柔光灯正面

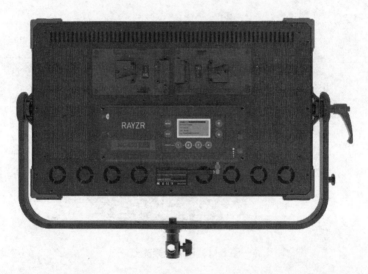

图 8-18　LED 灯柔光灯背面（低功率、全色域、可以采用电池带动照明）

　　3. LED 机头灯

　　LED 机头灯是附加在摄像机上的附件，可以在低色温和高色温两挡间切换，给新闻、婚礼、活动记录等现场拍摄带来很大的便利性和创作空间。

图 8-19　常见的 LED 机头灯

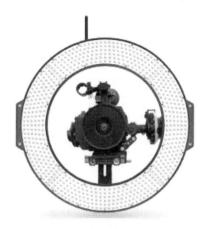

图 8-20　镜头前灯也是机头灯的一种

五、常用灯具附属设备

1. 灯腿

架设灯具的主要设备，通常根据架设灯具的不同分为三类：小型灯腿（04腿）、中型灯腿（钢腿）、大型灯腿（重型带滚轮灯腿）。

图 8-21　小型灯腿

图 8-22　中型灯腿（钢腿）

图 8-23　架设十二头 LED PAR
灯的大型灯腿（重型带滚轮灯腿）

2. 魔术腿

魔术腿是影视照明中常见且重要的附属设备，它可以挂载各种照明附件，例如黑白旗、遮光网、米菠萝等，也可以用来承载灯具。

魔术腿由魔术臂、魔术头和支撑腿组成。魔术臂起到了支撑设备和延长活动范围的作用。而魔术头拥有灵活的接口设计和强大的咬合力，是连接支撑腿和魔术臂的重要组件。在使用灯具、黑白旗、米菠萝等附件时，可根据附件连接杆的直径选择魔术头的相应锁孔，起到连接各类照明附件的作用。

3. 反光板

反光板，也叫"锡箔板"，是反射光线的器材，用锡箔纸、白布和聚苯乙烯泡沫板（米菠萝）等材料制成。反光板在外景拍摄中起到了辅助照明的作用。反光板有各种大小尺寸，不同的反光表面可产生软硬不同的光线，面积越大反射光线的范围越广，光质越柔和。最常用的是银反光板，当它配合日光使用时，非常方便操作，如果反光效果过重，可以用白色反光板代替。其他材质的反光板还有金色面反光板，多用于特殊场景，例如用于夕阳反光等。

想要柔和或小范围的照明，反光板都非常有效，室内或夜景中反光板可以使光线柔和，人物的边缘模糊。在进行人物的眼神光等局部辅助光或修饰光照明时也经常使用反光板。

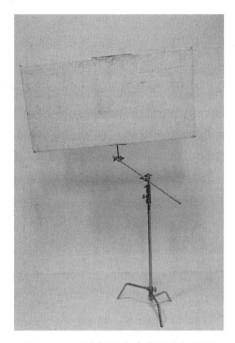

图 8-24　反光板配合魔术腿进行使用

4. 黑旗与白旗

黑旗或白旗外围是长方形或正方形的金属框，黑旗表面套有黑布作为遮光物，黑布内胆通常装有柔光材料或色片。当需要柔光或色光时，撤下黑布便可直接作为柔光屏或色片使用。

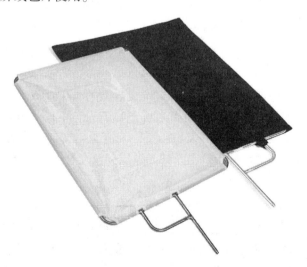

图 8-25　黑旗与白旗常和魔术腿一起使用

5. 蝴蝶布

蝴蝶布是大型柔光、吸收光、反射光的照明附属设备。主要作用是使自然光或人造光线发生散射和柔化，分散光束并增加其覆盖面积，在不影响照射方向和光线颜色的条件下，使阴影的轮廓变得柔和，并弱化高光点与阴影部分的对比度。

图 8-26　蝴蝶布

6. 色温校正滤纸

影视照明中常用的色温校正型滤纸可分为降色温的 A 系列和色温的 B 系列。A 系列滤纸分为偏红的 CTO 和偏黄的 CTS 两大类；B 系列滤光纸只有 CTB 一类。

第四节　人工光线的成分

人工光线的成分，大致分为五种：主光、辅助光、轮廓光、背景光和装饰光。

以上几种光线的成分，构成了人工光线造型的骨架。除此之外，在基本布光当中，还有眼神光、效果光、夹板光顶光和脚光。不论是电视剧、电视节目的大场面照明，还是小场景内的人物照明，其造型、气氛、神情、姿态的处理、渲染、描绘、勾画，都是基于以上几种光线成分及光种的相互作用而实现的。

一、主光

主光又称"塑型光""主光源"，是用来描绘被摄体（场景或人物）的外貌和形态的主要光线。主光在一组成功的场景或人物布光中，最引人注目，如同自然光中的太阳直射光照明效果一样，有比较明显的光源投射方向。它的作用和特点是：组成光影造型结构，揭示场景的外貌及特点，描绘被摄对象的立体形状、主要姿态、线条，交代画面内空间关系，构成一定的反差和明暗配置。

在实际布光中，首先要求用主光描绘、强调和突出被摄对象的最有表现力的那一部分，它的位置的确定、角度的选择、亮度的强弱、光距的远近，"决定于我们要揭示的对象外表和我们要突出的重点"。同时，还要考虑到场景的环境特点、人物的性格特征、剧情的主题要求、创作的最终意图。综上所述，主光的布光要注意：

1. 光线的投射方向要有依据；
2. 有利于渲染和塑造气氛、形象；
3. 实现画面中影调、色调的合理配置；
4. 同镜头构成一定的角度；
5. 突出重点场景和重点人物。

在实践中，人们根据自然光的照明特点，逐步总结出了主光布光的某些规律，以及根据剧情的要求和被摄体的具体情况来确定主光的基本角度。例如，以被摄体面向主角度（拍摄中最常用的或使用次数最多的角度）的镜头为例，我们可归纳出主光布光的几种形式，如图8-27所示。

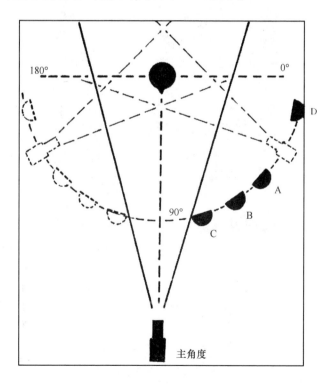

图8-27　几种常用的主光形式

在图中，A 为常用（正常）主光照明；B 为宽光照明；C 为面光照明；D 为窄光照明。

1. 常用主光照明

光源一般在被摄对象左或右的前侧 45°左右的位置上。光源同镜头构成了比较合适的角度，被摄对象的面部特征、轮廓姿态、立体形状、光影变化等方面都很正常，比较容易被观众接受，是照明工作者比较常用的一种主光照明形式。在电影、电视照明中，无论人物处于静止状态，还是运动状态的由这一点到那一点，照明人员总要千方百计地利用现场的照明条件，设计出正常主光照明的形式，达到造型的目的。

图 8-28　实例　常用主光照明

图 8-28 是常用主光照明的例子。塑造和刻画人物的主要线条、形状、立体形状。主光照明了人物接近 2/3 的脸型，脸部的光线投影正常，符合人的视觉感受与习惯。

确定主光的位置，以及使其在被摄对象表面留有多少阴影，有时还要根据剧情、场面调度、现场具体光线条件、照明的整体要求、被摄体不同的形状（脸型）、不同的性格特点、不同皮肤特征、表面结构的均匀状况等来决定。就是说，不能绝对地局限于正常主光照明，主光灯具有时还要根据具体情况进行调整和挪动，由此产生了以下几种主光照明形式。

2. 宽光照明

光源一般在被摄对象的侧前方 60°左右的位置上，同正常主光照明相比较，宽光照明使被摄对象表面被照射的面积增大，阴影部分相对减少。图 8-29 是宽光照明的例子。相比较图 8-28，被摄物体的面部受光面增大，阴影面减少。宽光照明能强调人物脸部的面积，帮助加宽狭窄的脸型。在表现被摄对象或人物的立体形态和质感时，它不如正常主光照明表现力强。

图 8-29　实例　宽光照明

3. 面光照明

光源在被摄对象前方稍侧方向的 75°左右位置上，也就是在拍摄位置（镜头）左或右的 15°位置上。这种光线基本属于正面照明，但又不同于正面照明，光线有较明显的投射方向和入射角，被摄对象或人物表面被大面积照明，阴影部分相对减小。见图 8-30。相比较图 8-29，明显感觉主光的位置向被摄体前方移动，脸部 4/5 接受了照明，阴影明显减少，脸部的面积感增强，面光照明比较有利于交代场景以及人物与环境的关系，被摄人物外貌特征明显。不足之处同宽光照明一样，不适合表现立体形状、场景和人物的质感。

图 8-30　实例　面光照明

4. 窄光照明

光源在被摄对象侧方 15°左右的位置上，接近于室外自然光的侧光照明。

窄光照明对人物脸部起伏不大、立体感不强、需要强调其质感的被摄对象来讲尤为适宜。这种光线使人物或环境中的物体的表面有较明显的亮暗对比，立体感加强，如果加用辅助光照明，能够使人物或物体有良好的亮暗过渡层次。使用这种光线时，要防止出现"阴阳脸"的明暗各半现象发生。例如图 8-31 窄光照明"阴阳脸"明显，明暗割据。很多情况下，我们要打破这种明暗僵持状态，寻找窄光照明的更和谐效果。在用光中让主光投射时尽量突破脸部中分线，让光线微量通过上鼻梁上部进入另一侧脸的暗部区域，人为打破光线的中分现象。请参照图 8-32。我们可以将图 8-31 和图 8-32 进行比较，能明显感觉后者视觉感受和谐正常。当然，这种用光方式不是绝对的、一成不变的。如果表现一个人物的硬朗性格、强烈的韧劲，表现一种犹豫、徘徊、不定、矛盾等状态时，图 8-31 的光线效果可能更好。

图 8-31　实例　窄光照明（阴阳脸）

图 8-32　实例　窄光照明

　　主光在不同场景、不同剧情的要求下使用，一般有规律性，但也复杂与多变。对一景一物，主光可能是一个；多景多物及人物处于活动状态下，主光可能是几个，具体布光要求和实施办法将在后面的综合布光中涉及。

二、辅助光

　　辅助光又称"补助光""副光""润饰光"，用来帮助主光造型，弥补主光在表现上的不足，平衡亮度的光线。辅助光常常是在主光灯布置完了之后，在被摄场景和人物表面留有一定阴影的时候使用。

　　辅助光的光源性质属于散射光，如同自然光中的散射光一样，光线的特点是柔和、细致，使暗部得到适当的照明。

　　辅助光灯的配置，一般要根据主光的位置和所要表达的剧情主题、画面造型的需要来决定。拍摄小场景中的人物或人物的中近景画面，一般有一个辅助光；如图 8-33 是一盏辅助光照明的实例。辅助光的较理想位置是使用演播室棚上的灯具，把它降至与被摄体头部等高或与接近镜头的高度位置上，以紧靠镜头为益，顺着摄轴线（摄像机镜头到被摄体两点间形成的一条线为摄轴线，参见第六章第二节）的方向投射。如果没有合适的棚上灯具，可用地面上的灯具，放置在镜头的左侧或右侧紧靠镜头的位置上。不要偏离这个位置。

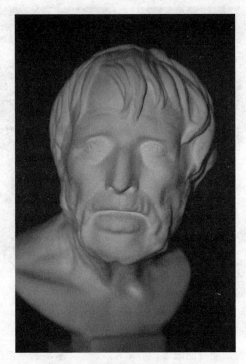

图 8-33　实例　辅助光照明

　　拍摄两个以上人物，有某种情节交流的画面或被摄人物在场景中由 A 点到 B 点活动的镜头，辅助光可能有几个。在重场戏中，高质量的、要求比较高的人物近景和特写镜头（如电视连续剧每集间的"打点"镜头、单本剧不同场景间的"转场"镜头、表现细微情感变化的人脸部特写镜头、复杂心理表述的反应镜头等），对于辅助光有更高要求，常常把辅助光分作阴辅光（阴光辅助灯）和阳辅光（阳光辅助灯）两种，用辅助光将形象描绘得更为细腻入微。这两种灯都是用来帮助主光造型的。阴辅灯一般配置在拍摄点的镜头左右位置上，用来补充主光照明所不能达到的地方，其位置不能过高或过低，略高于或平行于人物头部均可，否则会在鼻下、脖子上留下阴影，过低则造成轻度脚光效果。这种灯的位置也不能离开拍摄点的镜头过远，否则会在主光灯照亮的人物一边脸上产生小鼻影，尤其对于鼻子两边有两道深鼻洼的人，稍不注意就会造成两道八字鼻印。阳辅灯是介于主光灯与阴辅灯之间的一种灯，它的主要任务是在脸部阴阳光调之间起逐步过渡的作用和接茬作用。它能够柔化主光灯在人物脸部投下的生硬投影，模糊光影的亮暗分界线，使人物脸部由亮到暗有个细腻过渡层次，与阴辅光逐渐融合在一起，实现影调过渡丰富、体现和增强主光造型的立体感作用。

　　在一般场景布光中，辅助光的数量在保证完成自身任务的前提下，不宜太多，以防止出现过多投影。

综上分析，可以看出辅助光的作用有如下几点：

1. 调整画面影调，决定画面反差；

2. 帮助主光造型，塑造和描绘被摄对象的立体形态，表达其全部特征；

3. 帮助揭示和表现被摄对象的质感。

辅助光运用原则是：

1. 光亮度不能强于主光；

2. 不能产生光线投影，或者说有光不能有影；

3. 不能干扰主光正常的光线效果；

4. 在保持主光投射的阴影特征前提下，尽量再现阴影部位的层次和质感。

主光和辅助光的合理配置，构成了画面上表现被摄体的基本形式，构成了画面光线结构的基础。但是，要想获得较完美的用光效果，还必须有其他光线成分的配合。

三、轮廓光

轮廓光又被称为"隔离光""逆光"和"勾边光"。轮廓光是来自被摄体后方或侧后方的一种光线，它如同自然光照明中的逆光照明一样。如图 8-34 是一盏来自被摄体侧后方的轮廓光灯照明。根据实际拍摄需要，这种光线有时可能是正逆光，有时也可能是侧逆光，有时又可能是高逆光。

图 8-34　实例　轮廓光照明

轮廓光展示了被摄体视觉上的三维效果。在人工光线照明中，无论是在大场面还是小场面，无论是活动画面还是静止画面的用光中，轮廓光都具有以下明显特征和造型优势。

1. 强调空间深度，交代远近物体的层次关系。轮廓光能突破画平面的限制，加强人的视觉的纵向空间的感受能力。

2. 人为区别被摄体与环境、背景的关系。轮廓光具有很强的造型效果，它能有效地突出被摄体的形态和线条，区别被摄体与被摄体、被摄体与环境背景的关系，特别是被摄体的影调或色调同背景混为一体时，轮廓光能够像画家手中的笔一样，清晰地勾画出被摄体的轮廓。

3. 形成被摄体与被摄体相互间的地位感。拍摄各种各样的会议以及到会的人物、交代数量很多的产品成果等，轮廓光的显著特点就是能逐一地进而全面地强调人物或产品等的形态、规模、数量以及相互间的地位感。

4. 表达浓郁的现场气氛。在照明创作中，许多效果光照明效果都是以逆光作为主要光线的，比如，电视剧《南行记——边寨人家的历史》中主人公艾芜在边寨篱笆小屋内向徐妈了解阿星、阿月情况时的一场戏的用光处理，两人物的背景处炉灶烟火闪动，锅台处冒出的烟尘不时地在人物身边飘动，用逆光模拟炉灶处微弱的光线效果，光线穿过飘动的烟尘照射并勾画出了人物的轮廓，光线不时有强弱的微妙变化，增加了现场浓郁的气氛。

5. 交代和反映透明、半透明物体的属性。轮廓光在强调物体轮廓的同时，还能交代物体透明的质地属性，能够让观众准确把握和识别其特征与特点。有时在反映毛状物体，如毛感很强的衣服、头型时，这种光线具有最佳效果。

轮廓光具有很强的"装饰"作用。所谓装饰，主要是指这种光线能在被摄体四周形成一条亮边，装饰性地把被摄体"镶嵌"到一个光环之中，给观众一种装饰美感。

目前人们比较讲究和重视轮廓光的运用，无论在室内实景中拍摄还是在摄影棚内和演播室内拍摄，轮廓光已经成为不可缺少的光线成分。在稍大点的场面拍摄，轮廓光的运用同其他光线成分要有明显区别。用光贵在有层次、有逻辑、有秩序，贵在各负其责。在以人物为主的轮廓光用光中，要注意：

（1）确定主光与轮廓光的主次关系，在一组成功的光线照明组合中，轮廓光的运用一般不能太亮，太亮或光线亮度跳跃幅度过大，会破坏整体用光的和谐。

（2）轮廓光的入射角不能太大，在有些演播室中，轮廓光灯是固定在棚架上的，不能上下调节，致使许多人物的轮廓光用光偏高，轮廓光条过宽，超过了人物的肩和头，如果再高一点的话，恐怕就变成顶光了，这样很容易降低轮廓光照明的效果。例如图 8-35 轮廓光偏侧偏高，肩膀的轮廓快到前胸了。

（3）轮廓光的位置应准确，基本应置于被摄体后方或侧后方。不能随意改变其位置由后上方、后侧方挪向侧方，这样会破坏其他光线的照明效果，甚至有时还会出现轮廓光与主光的夹光现象。例如图 8-36 轮廓光偏侧，光线上了被摄体的右侧脸，如果在一组光线照明中，它会形成与主光的夹光的虚假用光现象。

图 8-35　实例　轮廓光过高

图 8-36　实例　轮廓光过偏

需强调轮廓光照明效果或拍摄现场人物较多时，也可同时使用多盏轮廓光灯。轮廓光需同其他光线成分合理配合，否则只能收到剪影半剪影效果。

四、背景光

又称为"环境光"，在不同的节目或场景用光中，有时还被称为"天幕光""气氛光"等。背景光主要用于照明被摄对象的周围环境及背景，可调整人物周围的环境及背景影调，加强各种节目及场景内的气氛。

背景光在运用中因内容、被摄对象、创作想法及要求不同，用光方式也不同。静态人物用光与活动人物用光，单个人物用光与多人物用光也不同。通常在对一位节目主持人或播音员实施布光中，背景光比较简单，有时仅用一盏背景灯就可以了，但要注意画面四个角的光线均匀和协调，亮度上要保持一致。

例如图 8-37 是一盏灯的背景光照明。在多人物或大场景的背景用光中，要准确把握创作意图、场景特征、气氛要求、背景材料的属性以及它的反光特性等。在用光设计与造型中，背景光的创造与处理潜力很大，许多成功的节目与作品就得益于背景光的塑造和烘衬。例如，早晨光线的模拟与再现能创造出清新、和谐、朝气蓬勃的向上气氛；对傍晚光线的处理能把观众带入一个安适、平和、幸福、美满的氛围之中等。

图 8-37　实例　背景光照明

背景光有以下几方面的作用：

1. 突出主体，为主体寻找一个较佳的背景和环境。

2. 营造各种环境气氛和光线效果，说明某种特定的时间、地点等，对主体的表现起烘托作用。

3. 丰富画面的影调对比，决定画面的基调。

4. 利用背景光线的微妙变化，体现创作者思想感情的细微变化。

在电视照明布光中，背景光的运用通常要求光线要简单，切忌喧宾夺主，特别是在舞台演出用光或演播室内一些文艺节目的用光中，更应注意这一点。美国 WOSU 电视台演播室照明主设计 R.P 先生，在电视节目用光中一丝不苟、精益求精。在平时演播室内的各种文艺、政论、新闻等节目用光中，他极不赞成过分的光色渲染，搞得观众眼花缭乱、目不暇接。他指出，特别是镜头中有明显主体存在时，周围背景环境的光线布置、安排设计一定要以保证突出主体为前提。

五、装饰光

又称"修饰光"，有时也称"平衡光"。装饰光是继主光、辅助光、轮廓光、背景光之后出现的第五种光线成分。它的每次出现都意味着对前面四种光线成分的修饰、弥补。装饰光的主要作用：

1. 弥补前几种光线照明上的不足，有目的地对被摄对象进行局部、细节的修正，使所表现的形象更完美、突出，更富有艺术魅力。

2. 达到画面整体照明的平衡。装饰光如同画家手中的笔一样，可以在照明中得心应手地对现场照明状态进行宏观的"调控"，使整体照明更为合理，更为准确，有时还可使照明的倾向性更为明显，表露的意图更为充分。

3. 修饰被摄对象表面和局部的轻微缺陷与不足，在人物的塑造上起到一种"化妆"作用。

4. 消除不真实的、多余的灯光投影，求得画面的简洁、干净。

装饰光的运用一定要合理。如果照明不准确，配置不合理，就达不到修饰的目的，反而会破坏其他光线的照明效果。对主体的某个局部进行修饰时，要注意对灯光进行必要的遮挡，防止对其他光线的干扰。

在电视照明中，装饰光不包括眼神光、服装光，装饰光是一个独立的照明成分。在实施用光中，如果前面四种光线成分照明效果良好，相互配合协调，结构严密，装饰光就可不用。

第五节　人工光线的造型

使用人工光线的最终目的是获得最佳画面形象效果，实现和完成画面的造型。在实际运用中，人工光线在许多方面有别于室外自然光光线，这就需要我们对它的光线角度、用光的基本要求、光线成分的基本组合等诸多方面的问题进行研究和分析。

一、人工光线的组合

通过分析几种单一光线成分的作用和特点，我们已对每一种光线成分有了了解。如果单一地使用一种光线成分去造型，就如同画家用一种颜色的笔去描绘大自然一样，将会使画面色彩单一，缺乏表现力。如果把几种光线成分有效地组合在一起，如同利用各种"颜色"的"笔"去描绘大自然，去塑造人物形象，画面就能富有造型魅力，完美、准确地表达出作者的思想与感情。

在长期的实践过程中以及电视节目制作中，人工光线的组合，常指对某一静态或基本处于静态人物的用光组合。对节目主持人、播音员等的静态用光组合是活动人物用光以及大场面人物或景物用光的基础，许多活动画面的用光及其组合都是由静态用光组合而来的。在诸多体裁的电视节目中，画面中人物的活动、导演的场面调度给观众以运动和活动的感觉，但在交流感情、传达视觉信息、展现丰富的内心世界的人物近景和特写画面时，常常以静态或瞬间静态为主。可以说运动常常是静止的一种铺垫。在用光中处理好静态用光是光线造型或光线语言表达的一个主要方面，这就如同摄像机在运动画面拍摄中比较注意其起幅画面和落幅画面的处理一样。所以说，设计和处理好人物静态用光组合是电视照明的一个基本功。

（一）静态节目主持人的三种用光组合

1. 侧光照明效果的光线组合

有时人们也把侧光照明效果称为明暗照明效果和直射光照明效果。它如同自然光中侧光和斜侧光照明效果一样。主光的光位角度在 4~5 点横 1 点直或 7~8 点横 1 点直上；辅助光光位角度在 6 点横 3 点直上，以紧靠摄像机摄轴线为宜。偏离这个位置，容易在被摄体表面产生不应有的光线投影，有时这正是用光失败的主要原因。主光与辅助光的光比不小于 2∶1，要根据不同的拍摄对象与创作意图来定。被摄对象是儿童和妇女，光比要适当小一点；中年或老年人，光比则要适当大一点。调整光比大小可从增强或减弱辅助光灯的亮度获得。布好主光灯、辅助光灯之后，开始布置轮廓光灯。它的位置一般在与主光灯所对应的那个角度上，即 11 点横 10 点直上，其高度应依据被摄对象的具体情况来定，

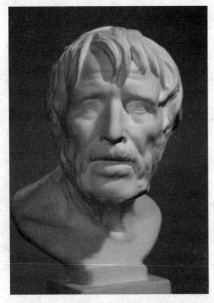

图 8-38　实例 侧光照明效果的光线组合

防止过高或过低，但不能低于人物的头部，因为它是被用来勾画人物头发、肩膀、形体轮廓的。布置时还应避免过侧、过亮。轮廓光与主光光比一般在 1∶1 或 2∶1 左右。背景灯要根据主体亮度变化而变化，主体亮，背景就稍暗；主体暗，背景就稍亮。一般背景光与辅助光光比为 1∶1。例如图 8-38 是较典型的侧光照明效果的光线组合。这样一组灯光组合配置，构成了侧光照明效果。其特点是画面有明显的明暗配置，人物立体感强，明暗反差适中，整个画面的调子明快、有活力。这种光线组合广泛用于正常脸型的主持人或播音员，是最常见的一种布光方式。图 8-39 是侧光照明效果

平面简图，附光位光比提示。

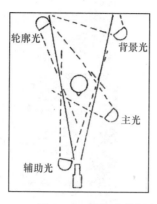

光位光比提示
光位
主光：4~5点横1点直
辅助光：6点横3点直
轮廓光：11点横10点直
光比
主光与辅助光为2：1
轮廓光与主光为1：1或2：1
背景光与辅助光为1：1

图8-39　静态人物侧光照明效果平面简图

图8-40　实例 侧光照明效果的光线组合（没加背景光）

图8-41 侧光照明效果的光线组合，主光和辅助光的光比3：1。

图8-42 侧光照明效果的光线组合没有加用辅助光，造成高反差效果。

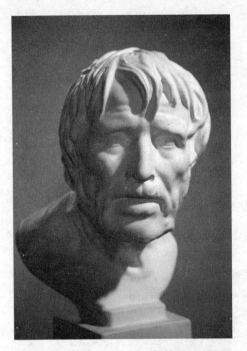

图8-41 实例 侧光照明效果的光线组合（高光比）

图8-42 实例 侧光照明效果的光线组合（没加辅助光）

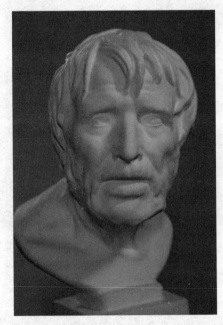

图8-43 实例 侧光照明效果的光线组合（低反差柔和主光照明）

　　图8-43侧光照明效果的光线组合主光加用柔光纸，被摄体表面具有柔和的过渡层次，主光和辅助光的光比为1∶1.5。

　　侧光照明效果的灯光组合属于目前使用较多、用光讲究、可塑性较强的一种光线形式。这种形式讲究光线成分的组合、配置、造型、完美。目前较多用在新闻主播、重要人物的采访、影视剧中静止状态下的人物造型上。

　　2. 顺光照明效果的光线组合

　　顺光照明通常也称平光照明效果和平调照明效果。这种照明效果有如自然光中平光照明和阴天半阴天中的散射光照明，画面上没有明显的明暗反差，阶调柔和。被摄对象的形状、阶调、色调的变化，主要由细微的光调变化表现出来。顺光照明效果的灯光配置：主光灯1和主光灯2一般配置在6点横3点直或接近这一光位的位置上，也就是说以紧靠镜头为宜。光比控制在1∶1或不超过1∶2。轮廓光配置在两个主光灯所对应的11点横10点直的位置上，轮廓光同主光（其中一个）的光比控制在1∶1或2∶1左右，轮廓光不能过强，以免影响画面柔和层次。例如图8-44顺光照明效果的光线组合。在顺光照明效果的灯光配置中，也可以没有轮廓光。背景光灯放置在被摄体后面或左右两后侧，背景光亮度一般比主光稍强一点或略弱一点为宜，使人物能够与背景有一定的区别，参见图8-45顺光照明效果平面简图。

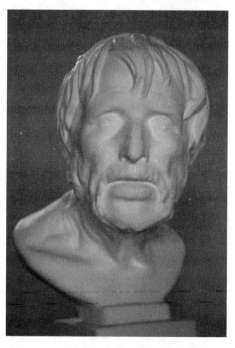

图8-44　实例　顺光照明效果的光线组合

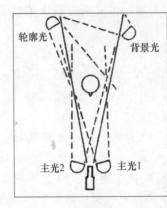

光位光比提示
光位
主光：6点横3点
直轮廓光：11点横10点直
光比
主光1与主光2为1∶1
轮廓光与主光1为1∶1(或者2∶1)
背景光稍强或弱于主光

图 8-45　顺光照明效果平面简图

图 8-46 顺光照明效果的光线组合没加背景光，主体比较突出，但相对主体和背景来讲两者反差大，对比强烈。

图 8-47 的顺光照明效果的光线组合布光中，主光 1 和主光 2 偏离摄轴线，造成被摄体脸部鼻子两侧出现虚假的鼻影，影响了整组布光效果。

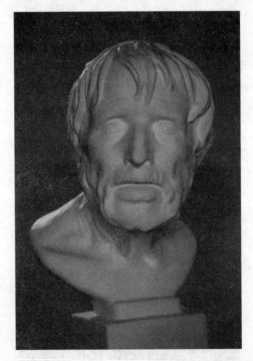

图 8-46　实例 顺光照明效果的光线组合（没加背景光）

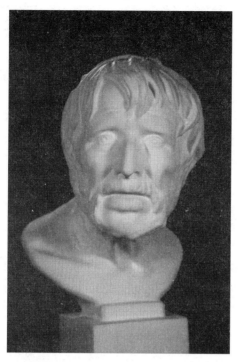

图 8-47　实例　顺光照明效果的光线组合（主光 1 和主光 2 偏离摄轴线）

　　平调照明（即顺光照明）可以使画面取得高雅、明净、单纯的效果，使人物黑色的头发、眼睛、鼻孔、嘴角引人注目，得到强调。

　　这种光线照明很容易产生高调画面效果，下面简单叙述一下关于高调画面的拍摄。

　　高调画面一般以浅色影调为主要基调。在高调画面中，最吸引人、最富有表现力的是画面中的深灰色调，如人的眼睛、头发等，这种深灰调子越小，画面的调子就越高。只有具备了深色调与大面积亮色调对比的画面，才能称为高调画面。对高调画面有这样几个要求：

　　（1）所反映的人物，一般要符合其职业、年龄、性别特征，如拍摄医务、科研人员，妇女、儿童等，衣服一般应为浅色。

　　（2）背景光一般要求超过人脸的照度一倍左右，以白的背景突出形体的轮廓线，在拍摄人物全身高调画面时，这一点更显得重要。

　　（3）画面要求简洁、清晰、明朗、干净，背景光要求柔、匀、细，防止人物投影进入画面，防止人脸、衣服及其他进入画面的部位出现灯光投影。

　　（4）曝光要稍增加一点，这样可使人物的头发和其他暗调部位得到适当的补偿曝光，对表现暗部位的有效质感、减小反差起积极作用。

高调画面的用光，应有一个统一的、接近的亮度和灯光之间相互协调的光比。灯具可选择散光灯系列，这种灯光质软而柔和，照明均匀，在投影的界限上比较含蓄，阴影不太明显，适合于拍摄高调画面。

顺光照明效果的光线组合，通常用在一般栏目节目或文艺类型节目中的主持人照明。在美国国家电视台或他的各州电视台的节目主持人造型用光中，顺光照明效果的光线组合用得较多。因为西方人的骨骼突出，脸部立体感较强，在长久的实践中，顺光照明效果的光线组合就逐渐被人们认识，现在已经作为西方媒体主持人最常用的一种光线形式了。

3. 轮廓光照明效果的光线组合

同自然光中的逆光、侧逆光照明效果一样。主要照明灯（轮廓光灯）配置在与摄影机镜头摄轴相反的 11 点横 10 点直的位置上。有时为了加强轮廓光照明效果，可用双边轮廓光。主光的首要造型任务是勾画出人物富有特征的轮廓线条。那么什么是人物富有特征的轮廓线条呢？拍摄人物全景画面时，要注意突出和表现人物大的轮廓线条，如人物形体各部分的屈直凹凸；拍摄人物中近景画面时，要注意选择人物最主要、最精彩、最富有表现力的脸部侧面线条，即人物的前额、鼻、口、下颌、脖颈的轮廓线条，斜侧面（半侧面）线条，即侧额、眉、眼、颧骨、侧腮的轮廓线条等。这些线条是对拍摄对象进行观察、选择的结果，不同的拍摄对象及人物，轮廓线条各有其特点和微妙的变化，不能一概而论、一模定型。轮廓光的首要任务是完美地表现人物的轮廓线条，光源的远近、高低、正侧，都会直接给这种表现带来影响。如被摄人物头上戴有帽子、头巾或其他装饰物时，光线就不宜过高，以免人物脸上富有表现力的轮廓线条被遮挡。如果需要轮廓光灯低一点，最好避免在人脸上出现过宽光线，如果过宽，即过了人的鼻梁，就会在人物脸上的阴暗部分出现一个大三角形鼻子投影，既不美观又不利于造型。配置好轮廓光线之后，就该考虑人物暗部光线的补充问题了。辅助光灯设置在人物的正前方 9 点横 3 点直的位置上，主要任务是衔接轮廓光亮部分与阴暗面的中间过渡，这个辅助光灯不能随意偏向人物的某一侧，否则会产生人脸上的第二个投影和造成同主光的夹光效果。例如图 8-48 轮廓光照明效果的光线组合，轮廓光强调和描绘被摄体头部、脸部、脖子的侧面线条轮廓，线条清晰明确，富有变化和流动美感。根据要求与需要，还可以在人物侧向镜头的一面再加一个辅助光，使人物脸上的过渡层次更为细致丰富。例如图 8-49 轮廓光照明效果的光线组合加用了辅助光 2。有时还可在人物的后方 2 点横 10 点直的位置上再放置一只轮廓灯（有时根据需要还可适当靠近背景处），把未被轮廓光和辅助光照明的人物侧后面勾勒出一轮廓细条，使画面上轮廓光的表现形式更为完美。使用轮廓光照明，一般取轮廓光与人物正面的辅助光光比为 3：1 或 2：1。有时根据需要还可在 6 点横 3 点直的位置加辅助光 2，辅助光1与辅助光2光比在2：1左右。辅助光2的亮度不能超过人物正面辅助光1的亮度，否则会产生同轮廓光的夹光效果。背景光灯应适当地把背景打出层次，这样符合人们的视觉习惯，同时画面也有空间感觉，还能避免人物某一局部线条与背景重叠。

图 8-48　实例　轮廓光照明效果的光线组合　　　　图 8-49　实例　轮廓光照明效果的光线组合
（轮廓光+辅助光 1 侧面组合）　　　　　　　　（轮廓光+辅助光 1+辅助光 2 组合）

　　被摄体由正侧面变成斜侧面后，轮廓光主要突出、强调被摄体斜侧面右侧脸部颧骨、鼻梁等处的线形轮廓。例如图8-50、图8-51所示。前者只用了轮廓光和辅助光1；后者使用了轮廓光、辅助光1和辅助光2。图8-52只使用了单轮廓光灯，画面亮暗反差较大，呈现剪影状态。这种用光方式使用较少，在影视剧中偶尔使用，因为这种光线亮暗间距大，不符合摄像机技术条件的要求。

　　轮廓光照明常常产生低调照明效果，能给人以庄重、肃穆、黄昏、安适、忧愁、悲怆之感，有时还有某种神秘感。

　　低调画面大体有两种：软低调与硬低调。

　　软低调——画面中影调由深至浅，过渡层次丰富细致，质感比较好，没有十分强烈的反差，以接近的影调和细微的影纹来表现层次和质感，给人比较柔和、悦目的感觉。软低调画面光比一般控制在3：1。软低调画面用得比较多，给人的视觉感受比较正常，在各类电视节目中也较常见。

　　硬低调——光比较大，在5：1时，画面中影调两级差距较大，它的特点是在强烈的对比中突出主题，突出人物的轮廓线条，以轮廓线条取胜。这种硬低调画面平时比较少用，一般是按照主题或剧情的需要，根据环境特征、气氛要求和人物特殊的情况使用。拍摄低调画面应注意：

图 8-50　实例　轮廓光照明效果的光线组合
（轮廓光+辅助光 1 斜侧面组合）

图 8-51　实例　轮廓光照明效果的光线组合
（轮廓光+辅助光 1+辅助光 2 斜侧面组合）

图 8-52　实例　单一轮廓光照明

（1）人物衣服的色调应以灰色、深灰色为佳，这样衣服在画面中才能有层次。如穿黑色衣服，要注意不要与背景融合在一起。有时为了表现衣服的层次，可适当加一点装饰光。

（2）低调画面拍摄要同被摄人物的职业、性格、情绪和作者的创作意图相吻合。

（3）低调摄影要注意曝光问题。平时拍摄其他类型的画面常采用明暗两方面综合曝光，低调画面如按此曝光，暗部影调会曝光不足，层次和质感会受到影响，有时暗部本来有层次的地方会因综合曝光同周围暗调混为一体，影响整个画面的质量。为了弥补这种不足，在曝光上采取综合测光，但拍摄时要把光圈适当开大半级，或开大三分之二级，这样亮部质感不会受到损失，暗部也有了层次。

（4）低调摄影常选择聚光灯作为勾画人物轮廓线条的主要光源，其他部分的暗部层次常选用散光灯具。

轮廓光照明效果的光线组合一般用在日常的谈话类型节目中，镜头处在旁观而客观的角度上。该组光线照明效果注重主持人、嘉宾相互间的沟通，注重它们的外形、线条、轮廓、姿态，以此传达谈话节目中人物的诉求、感情、状态。

以上三种静态节目主持人的用光组合，各有特点，差异在于表现重点的不同，细心人会发现这三种用光方式主要是从人物照明中的"三点式"布光而来的。

（二）静态多人物的用光组合

静态单人物的用光虽然用得比较多，但两人以上多人物的用光在电视节目中用得也不少，除了节目主持人主持新闻专题节目外，杂志性节目中的座谈、采访等多人物用光也需要我们去总结和探讨。多人物用光与单人物用光虽有共同和相似之处，但仍有很多不同，前者较复杂。

1. 为两位节目主持人正面布光

给两位节目主持人同时布光，在许多电视台用得比较普遍，布光方式多样，最常采用的方法有三种。

（1）分别布光法

这种方法常常用在两位节目主持人距离较大、一个主光很难完成两个人物的主光造型的情况下。参见图 8-53。布光方法首先是确定主光的投射方向，一般两个人物的主光要从左或右前侧人约 45。角方向投射过去，要防止两人的主光来自不同方向，造成虚假的主光投射，破坏整个布光的效果。主光明确之后，两盏辅助光灯出现在摄轴线附近的位置上，两盏辅助光灯要控制好光线的投射区域，防止相互干扰，出现不必要的光线投影，其光线高度与人头平齐或稍高于人头。轮廓光放置在与主光基本对应的角度上，用以勾画主持人的轮廓形态，有时在演播室内可使用能升降的棚顶灯在人物的正后方作轮廓光。背景光放在与主光同一侧，照明周围环境与背景。

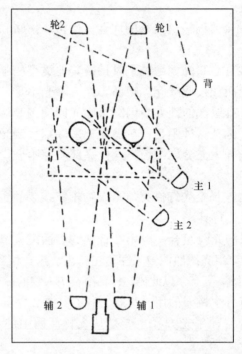

图8-53　为两位节目主持人正面布光（分别布光法）

（2）重点勾勒法

棚内或演播室内主要采取三基色冷光源作底子光照明，本身已具备一定的基准亮度，其照度在1500勒克斯左右，画面中影调单一，没有强烈的亮暗反差，画面空间感觉弱。不仅仅是对电视台节目主持人如此用光，许多电教部门的演播室也采用这种冷光源设计。在用光中同样存在这样的不足和问题，比较简单的解决与弥补方法就是采取重点勾勒法，根据自己创作的需要加主光灯，放在4~5点横1点直或7~8点横1点直的位置上，由于加入了这种主光，画面中有了光线的投射方向和光比组合，光线效果发生了很大变化。有时还可加轮廓光，位置在与主光灯对应的角度上或11点横10点直的位置上。参见图8-54。

（3）平调组合法

这种方法适用于正常脸型和稍瘦削的脸型。布光时两主光位于摄轴线附近，以接近或紧靠镜头为宜，分别照明被摄体，其光线高度以人头平齐，然后分别布轮廓光灯，细致地勾画被摄体外形线条。轮廓光灯的位置在被摄体的侧后方，其光线不能过高、过亮、过偏。在演播室内也可考虑利用放置在人物后上方（11点横10点直）位置上棚上的轮廓光灯，但要注意角度不能太高。参见图8-55。

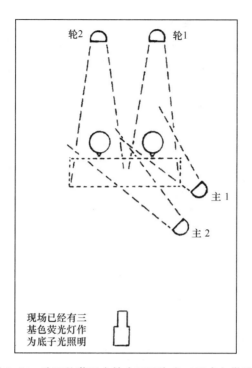

图 8-54　为两位节目主持人正面布光（重点勾勒法）

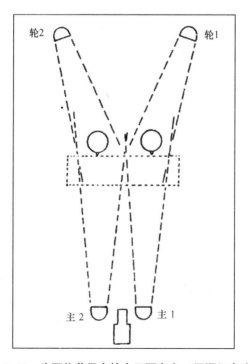

图 8-55　为两位节目主持人正面布光（平调组合法）

2. 为两位节目主持人侧面布光

两位节目主持人以侧面或斜侧面、相互交流的形式出现，共同主持一个节目，有时也可能是一位节目主持人采访一位观众（被采访者可能是事件当事人、电台记者、专家教授、公司经理、国家总统、工厂工人等）。这种布光方式尤其适用于谈话类型节目。人物相对而坐的这种形式交流感比较强，布光应有别于为两位节目主持人面对镜头的正面布光形式。首先要确定主光的位置，见图8-56。主光1（人物的轮廓灯）出现在B者左侧前方，主光2出现在A者右侧前方，两主光的主要任务是勾画人物的主要立体形态和各自富有表现力的主要线条。人物面向镜头一侧的阴影可用辅助光处理，两辅助光灯分别放在A、B两者的正前方，这种布光方法可使人物主要的部位（面部和胸部）有由亮到暗非常细致的过渡层次。根据需要背景光可加可不加。

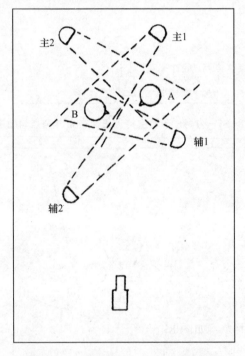

图8-56　为两位节目主持人侧面布光

3. 为5位节目主持人正面布光

多位节目主持人同时播报、主持一个节目，这在国外重要新闻播报、重大新闻事件播报、重要活动等节目直播中屡见不鲜。下面举例的是5位主持人同台主持一个节目，在5位节目主持人中，主持内容各有分工，比如有人负责本地区新闻报道，有人负责本省新闻报道，有人负责全国新闻报道，有人则主要负责当日天气预报报道等。5人用光最常见的是采取分别布光法，见图8-57。

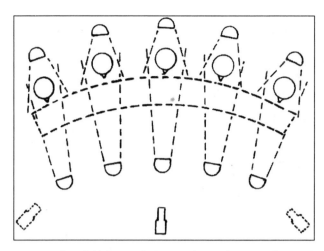

图 8-57　为 5 位节目主持人正面布光（国外现场直播新闻节目主持人用光）

现场基本上都是使用演播室内棚上的灯光，5 盏主光灯分别出现在 5 位节目主持人正前方，主要以面光照明为主，光源高度分别在 6 点横 2~3 点直的位置上，根据每位人物的脸型可适当调整光源高度，以不出现下鼻影和下脖影为宜。轮廓光灯分别布置在 12 点横 10 点直的位置上，有时也要根据男女头型、体态的不同分别进行调整。在整个布光过程中，各个灯位要设置准确，不能相互干扰，有时有的灯光需适当遮挡，严格限制其照明区域。

这种节目的用光原则是：人物越多，用光就越简单，防止人与人、光与光灯光影子相互影响、相互干扰。

4. 演播室内多人物座谈用光

多人物座谈的格局因节目要求不同而各式各样，我们主要选出常用的三种形式进行分析。

第一种多人物用光，如图 8-58 所示。使用棚上 5 盏轮廓灯分别照明每一位人物各子的轮廓，其光位分别在 12 点横 10 点直的位置上。在摄轴线附近位置上放置辅助光 1，主要照明 c 者，辅助光 2 主要照明 D 者和 E 者，辅助光 3 主要照明 A 者和 B 者。布光中要注意整体光线照明的平衡，控制好轮廓光与辅助光的光比。由于使用了 5 盏

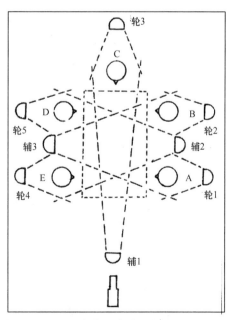

图 8-58　多人物座谈用光（一）

轮廓光灯，很可能会在桌面上出现人物投影，通常使用中灰色台布来减弱杂乱的投影，同时还可以通过摄像机的角度、景别尽量避开投影。

第二种多人物用光，如图 8-59 所示。采取分区布光的方式，首先使用 3 盏轮廓光灯分 3 个区域对 8 个人物进行轮廓光照明。布光中要注意 3 个区域光线的衔接，要做到轮廓光的高度接近，亮度统一，轮廓线条渐变而明显。辅助光也同样分 3 个区域照明被摄体面部胸部，由于人物座位远近有差异，有时需要适当调整、遮挡辅助光。辅助光不能过高，以防止人物脸部和胸部出现投影。

第三种是多人物知识竞赛、群众场面用光。这种用光方式同以上几种方式比较接近。对人物众多的场面，要始终把握好场景内的整体用光的平衡和灯光各区域及部位的合理衔接。参见图 8-59，虽然人数较多，但仔细看一下，会发现众多人物可分为 3 大组。用光也是采取分组照明的形式，每组用两个轮廓光灯照明 12 个人物，前面用两盏散射光灯打辅助光。虽然人数很多，用光却显得比较简单。在现场照明中，如果现场人物座位是阶梯形式的，对每个光位就要进行适当调整，尽量使每个人物身上的光效一致，亮暗基本均匀。还要考虑现场摄像机改变视点后光调、光位的衔接，尽量保持现场光线的最佳状态。如图 8-60。

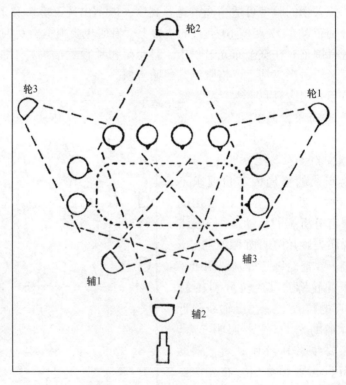

图 8-59 多人物座谈用光（二）

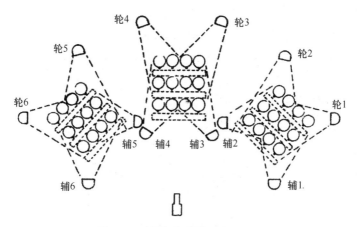

图 8-60　多人物座谈用光（三）

（三）动态人物的用光组合

动态人物的布光设计与静态人物的布光设计有许多不同，主要区别：

（1）每组或每个灯光成分组合要具有可塑性，布光不仅要考虑点，还要考虑面。

（2）灯光由封闭式的某个区域性照明转变为某个范围内的照明。

（3）灯光设计要考虑到灯光与灯光、区域与区域的衔接。

（4）由于被摄体或摄像机的运动，原为主光的光源可能变为逆光光源，逆光可能变为主光。在这种交替过程中，要清楚每个灯光的作用。

（5）在众多运动画面中，比较注重运动之前和运动结束之后处于基本静态状态下的人物布光，比如运动画面中的起幅和落幅是整个运动镜头中布光的重点。

动态人物的用光常分为两个方面：一是固定场景（表演区）的布光，二是动态人物的布光。

1. 固定场景（表演区）布光

所谓固定场景（表演区），主要指舞台或演播室内文艺晚会的演出区域等，这些区域限定了演员的活动范围。无论一台节目人物多或少，人物活动频繁与否，节奏快还是慢，照明所考虑的区域是限定的。虽然根据剧情和主题要不时地改变照明效果，但始终要有一种最基本的照明设计。这种布光方式适用于表演区内节目内容变化较复杂、人物动作和活动范围较大、某些节目内容不详、节目制作时间要求较紧张等情况。

固定布光方式主要是由静态的人物布光方式而来，也可以说是从人物基本造型光"三点式"布光而来。下面简单分析几种常见的固定场景（表演区）的布光方法。

第一种是全面的底子光照明，提高整个场景的最低照明亮度，保持场景内每一角度和每一区域均匀照明。在此基础上，在摄像机主角度所正对的背景处上方加用几盏或多盏轮廓光照明灯，分别布光，每一盏轮廓光灯负责一个小区域，均匀地用轮廓光灯将表演区"覆盖"，在表演区内，不管人物（或演员）走到哪个位置，都有轮廓光照明。这样可避免由于底子光照明带来的平淡、影调缺乏变化、视觉刺激不强等不足，如图 8-61 所示。图中 4 块中间有条状图案的矩形表示位于场景上方的底子光光源。如果场景纵向较长，可在场景的前半部分再加用几盏轮廓光灯，如图中虚线所示。

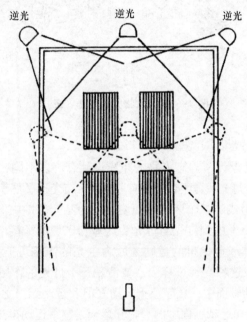

图 8-61　固定场景（表演区）的布光
（全面底子光加逆光照明）

　　第二种是平调照明加逆光组合方式，这种布光方式较接近静态布光的图 8-62 和图 8-63。逆光灯从天幕上方照射下来，每盏逆光灯负责场景的一个区域，在场景的前区使用柔和的亮度高的散射光灯，如图 8-62 所示。这种布光方式较简单，没有过多的光线投影，但也难免使画面显平淡，缺乏光线应有的变化。

　　第三种是斜侧光立体照明方式，这种方法用得较多，但是布光有难度，对光线衔接、光比、光线角度要求较高。这种立体照明式布光主要由静态人物侧光照明效果图 8-39 演变而来，如图 8-63 所示。

　　主光来自场景左侧的前侧方向（也可右侧），根据需要主光可以是一个，也可以是几个，但要注意最好出现在场景的同一个方向，给观众一个明确的主光印象。辅助光放置在摄像机的视点或接近视点的位置上，给场景以均匀的辅助光照明。轮廓光放置在被摄体正逆光或侧逆光的位置上。这种布光方式，摄像

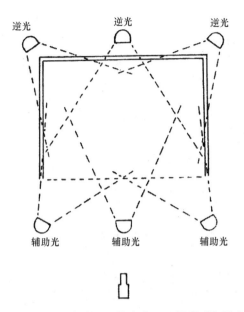

图8-62　固定场景（表演区）的布光（平调照明加逆光组合式）

机的主角度和分切角度不能过斜，以保证最佳光线造型效果。如图8-63。

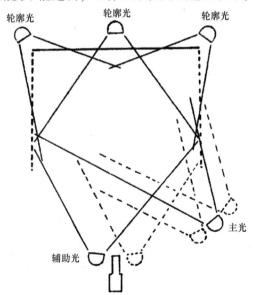

图8-63　固定场景（表演区）的用光（斜侧光立体照明）

2. 动态人物的布光

固定场景（表演区）布光有时很难做到十分准确、细致，因为它不能具体照顾到每一个人和每一个镜头。要想取得最佳用光效果，需要给每个镜头、每个人物单独或专门照明，但有时条件不允许。

动态人物的布光首先要求照明工作者了解：

（1）人物活动的路线和范围；

（2）摄影机使用的镜头与景别；

（3）摄像机本身运动的方向和目的；

（4）什么内容以及人物什么样的情感。

下面介绍几种动态人物的布光方法。

图 8-64 中，两人首先处于静止状态，位于 a 点，然后从静止状态，也就是起幅开始横向走至 b 点停止。环境是一个一面有窗户的室内过道。摄像机从静止状态也就是起幅开始，跟随两个人物同时移动。镜头起幅布光首先以一面窗子来的光线做主光，移动车上的车载辅助光和固定在窗子对面的辅助灯光，做人物的补助光。运动过程中，轮廓光 1、2、3 始终来自窗子，辅助灯 1、2、3 组成了柔和的辅助光。为保证人物自始至终的基本层次照明，移动车上的辅助灯也随人物同时运动。到达 b 点，也就是镜头的落幅后，轮廓光 4、5 同时作人物的双边轮廓光，车载辅助灯与辅助光 3 作人物的补充照明。在人物整个活动过程中，由于人物的转身、行走、角度、动作的变化，轮廓光有时能变成主光，主光又变成轮廓光。运动过程中，要注意辅助灯 1、2、3 的基本投射高度，避免将拍摄者的影子投射在画面中人物的身上。

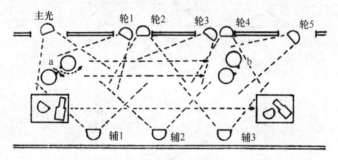

图 8-64　动态人物布光（一）

图 8-65 中，两人作纵向运动，一面临窗。布光时远处的一个窗子在起幅静止画面时可作人物的轮廓光，在运动过程中，主 1、2 作为人物的主光，辅 1、2、3 采取"接力"形式作人物的辅助光。当人物距离镜头越来越近时，辅助光 4 在镜头旁边起到衔接主光 2 和辅助光 3 的作用，使光线由亮到暗的过渡平缓一些。

图 8-66 采取的是分组重点布光的方法。起幅 a 点的人物用光采取了主光、辅助光、轮廓光三点式的布光方法。镜头随着人物摇到 b 点时，使用双边轮廓光照明，人物的外部线条与起幅时有区别。介于起幅和落幅中间部位的辅助光 2，有效地衔接了两组照明。

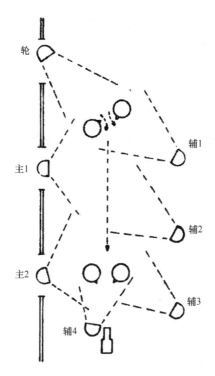

图 8-65　动态人物布光（二）

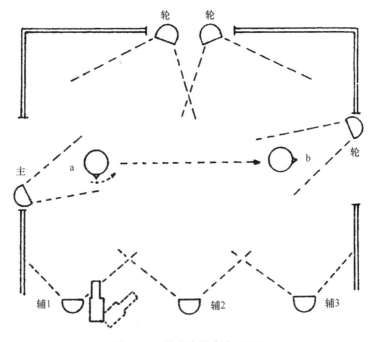

图 8-66　动态人物布光（三）

以上三种方式的用光比较注意光线的真实性以及用光的依据。

图 8-67 的用光同前三种不一样，是按作者的主观意图"随意"用光。这种用光方式不受环境条件的制约，能较好地体现作者的想法，经常用于舞台、晚会等，可根据作者的创作意图充分调动各种手法达到艺术创作的目的。这种用光方式光位比较清楚，效果比较明显。

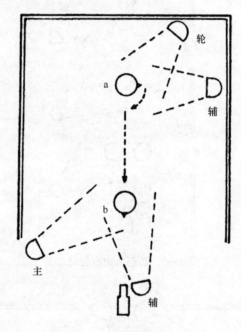

图 8-67　动态人物布光（四）

二、光线气氛的渲染与作用

气氛常指人们通过自己的感官（尤指视感）直接感受到某些特定环境中的情调与气息。在电视艺术创作中，气氛常指电视片中剧情、时代、情绪气氛和环境、时间气氛。光线气氛主要指环境气氛和时间气氛。

（一）环境气氛

环境气氛来自环境自身结构、特征、特点给人的外在印象和光线的照明与合理描绘。在没有光线有目的地照明和参与的情况下，环境中各种物体的摆放样式不同，镜头自身视点角度的不同，环境最初给人的感受也就不同。一旦光线有目的地介入并进行光线造型时，除了真实地保留了环境原形之外，光线会使环境以及环境内的各种物体变成了有目的的存在物，赋予了它们某种意义、某种"思想"，让它们流露出某种"情感"。这就是光线存在的魅力，这就是光线的造型作用，这就是在环境的原形基础上以及人的最初感觉上的一种升华。环境的气氛也在光线的作用下产生了，有的庄重典雅，有的富丽堂皇，有的简朴单纯，有的稳重热烈，有的阴森恐怖，有的沉闷压抑等。由于光线的作用，环境气氛形成的可读性语言更为生动、鲜明了。

环境气氛的表达，主要依靠创作者对生活的长期敏锐观察和积累，依靠照明对现实生活的模拟。生活经验越丰富，平时积累越多，照明对环境气氛的模拟、描绘、再现就越真实、巧妙，人工痕迹就越少。

怎样才能根据不同的主题内容、不同的艺术构思，利用光线渲染、模拟、制造出环境气氛呢？简述起来有以下几种方法。

1. 平光高调法

这种方法会给出一种轻松、简洁、欢快的气氛，使人产生洁净、淡雅、优美、透彻的感觉。照明用光主要以较柔和的平光为主，光线的客观性较强，主要给予环境以基本照明，体现物体自身纯正的色彩，展示物体和环境的外在特征，物体的立体感和质感主要依靠它们自身的光调变化体现出来。由于物体没有阴影，整个环境以淡色调为主，物体本身的中灰色调、深色调得到了意想不到的表现，显得醒目突出、引人注意，当然这正是创作者的用心所在。

2. 对比低调法

这种方法主要是利用光和影、深和浅的对比，造成一种庄重、肃穆、夜晚和神秘的气氛，常给人们一种较肃穆、分量、沉稳以及忧郁的感觉。在照明用光上以深色调为主，注意大面积深色调与小面积浅色调的对比，对比的结果常常是浅色调部位的物体引人注目，大面积深色调为烘托小面积浅色调而存在。

3. 自然装饰法

自然装饰法指创作者的主要照明手段是对生活有选择地真实模拟，并利用人们所了解和熟悉的光影或图案变化加强环境的特征及效果，例如吊扇叶晃动造成的光线波动效果、树叶的抖动造成的光影变化、窗外的雷光闪电造成的光影瞬间失常的变化等。这种方法所获得的环境气氛较接近自然，易于为观众理解，但在运用中不能为了装饰而装饰，过分渲染会造成光线与主题内容的割裂。

4. 色光烘衬法

这种方法可表现一种热烈、喧闹的气氛，主要用于舞台文艺演出、舞厅环境的再现等。在用光设计上以底子光作基础，环境中某一个重点区域的光线色温与摄像机白平衡相一致。然后周围其他部位辅加各种活动色光照明，这是获得成功的主要方法。但色光的过分渲染、过分的使用会造成观众视觉的不适应，要注意恰到好处地把握分寸。

（二）时间气氛

时间气氛主要指通过光线的合理照明造成环境内（主要指人工景的室内）

的某种时间效果。这种光线具有可读性，通过不同光线的照明，可使观众感受到并置身于各种不同的时间氛围之中。比较典型的时间气氛效果有以下几种。

1. 早晨和傍晚的时间气氛

在生活中，这种时间无论在室外还是在室内都有较好的光线效果，给人们留下了美好而深刻的印象，在电视节目制作中常作为被模拟的对象出现在画面中。早晨和傍晚时间的光线具有某种象征意义，是人们表达思想、情感、交代时间概念并与观众进行交流的重要"媒介"。

早晨和傍晚时间气氛的布光设计需考虑以下问题：

（1）整体布光设计常为暖调，光线明快而柔和，洋溢着一种积极向上、朝气蓬勃、清新明快、生动有趣和沉稳安适、和谐圆满的特有气氛。

（2）光线入射角一般控制在0°~35°。场景内的某一面临近门窗的墙壁或家具上有较明显的光线投影，支撑门窗一面的墙壁表面是场景内较暗的部分，它的基本的影纹层次再现靠场景内的底子光照明，门窗对面的墙壁照明较均匀、明亮。

（3）主光通常来自门窗，光线有固定的方向性，有时场景内窗子多，相对使用的灯具也多，要尽量避免重影和不一致的投影。避免的方法通常是让主光从一个光位点上照射，充分使用两窗之间的墙垛（夹墙）让主光进行分别照明，有时可一盏灯负责一个窗子，不能互相干扰，始终保持一个窗子只造成一个投影，这样人物在走动之中光影的变化就比较真实了。

（4）注意受光部分与背阴及暗部的光比控制。现场仅有从门窗照射进来的主光照明还不够，还需要辅助光或环境全面的底子光照明，缩小亮暗反差，以保证环境最暗部分起码的影纹层次。

早晨和傍晚光线效果的塑造，可把观众带入一个比较熟悉的环境，这种环境具有浓郁的早晨和傍晚时间气氛，光线可读性强，效果逼真，在电视照明中是一种经常被选用的光线。

2. 夜晚时间气氛

夜晚时间气氛较容易被观众理解与接受，它最主要的特征就是暗色调为主。整体光线效果给人以肃静、神秘、深邃的感觉。夜晚用光的主要依据是主题内容以及创作的构思与想法，它的用光方法较灵活多样，创作空间很大，夜晚时间气氛的表达也有伸缩性。

夜晚时间气氛的布光设计同样需要宏观的把握：

（1）要准确交代夜晚的具体光线状态，如月夜、星夜、雷雨夜等。这些光线状态主要通过天片光、室外投射进室内的光线以及光线色温的微妙变化描绘。

（2）在室内加强夜晚气氛的有效方法之一就是充分利用或人为制造有效光源，例如随手拉亮的台灯、月光照射下投入室内的晃动的树叶影子、刚刚点燃的墙壁上昏暗的煤油灯等。还可利用这些室内光源同室外的天光或月光色温上的差异展开对比，加强观众的视觉印象。

（3）整体夜景基调应以暗色调为主，随意的面光照明和环境的平光照明会减弱夜景气氛，使眼前的一切一览无余。用光中以逆光或侧光为佳，环境照明应以所模拟的光源为核心，形成环境内的亮暗影调配置。未被光线直接照射的环境暗部不能漆黑一片，应保持其大致的线条或形状。

（4）尽量增加被摄物体场面调度的范围，不时地由亮区进入暗区或由暗区进入亮区，这种调度和处理可引发观众的视觉兴奋，增强夜晚气氛给人的印象。

3. 上下午时间气氛

人工景室内早晨、傍晚和夜晚的气氛，因其自身的光线特征明显，较容易表现。上下午时间气氛似乎没什么可表现的。其实这段时间也有其他时间没有的光线特点：

（1）室内整体布光效果正常，光线亮暗反差适中，除背对"阳光"的一面墙壁较暗外，两侧墙壁接近窗子的地方较亮，逐渐远离的地方较暗。虽然在同一面墙壁上，光线却有极其明显的由亮到暗的过渡变化，窗子正对的一面墙壁亮度比较均匀。

（2）随着时间的推移，上下午时间的光线已不像早晨和傍晚那样了（入射角较小并直接将直射光通过窗子投射进室内）。上下午光线可塑性较强，利用灯具再现这段时间的光线效果并没有固定格式，有时可将少量直射光线投射进室内，但要注意光线入射角在60°左右为宜。有时也可使用亮度较高的散射光，提高窗子部位和接近窗子部位墙壁的亮度。可利用室内左墙或右墙上的不同照明形成的光线变化来区别上午或下午。

（3）表现以人物为主的画面时，照明应力求细致描绘人物表面的光调层次和变化，光线形式以侧光或斜侧光为主，同时在用光中要避免较生硬的光线投影。

总之，在照明实践中，人工景室内光线的入射角、亮度、反差、色温、照明位置、投射方向的细微变化都会导致不同的照明效果，表达不同的时间气氛，具有不同的艺术感染力，都会形成不同的、富有变化的光线语言形式。

三、特殊光线效果的照明处理

特殊光线效果主要指效果光照明效果。效果光是用来再现生活中某种特定照明效果的光线。例如：闪动的火光（篝火或炉火）、水面折射产生的波动的水纹光、微弱细腻的烛光、昏黄色的马灯光等。效果光同人工光线照明的其他光线形式有一定区别。效果光渲染力强，气氛浓烈，可信性强，接近生活，画面中光线语言具有可读性，在烘托气氛、表达情节、间接地交代创作者思想感情、增加画面的趣味性等方面能起到很好的作用。效果光是照明创作者经常模拟和使用的一种形式，它可视性强，视觉语言朴素且有"煽动性"，它通常与剧情、剧中人物的感情联系在一起，它是剧情和人物的内心独白。

（一）效果光照明的特点

1. 光源能给观众鲜明的印象，具有明确的方向性，但变化比较大，不同的效果光具有不同的主光投射方向。

2. 常采用点状光源进行区域或局部照明。

3. 光比和反差较大，深色调占一定的优势。

4. 主光入射角较小，有时自下而上照明。

5. 经剪接的画面光线亮暗跳跃幅度较大。

6. 具有较好的抒情写意效果，光线语言间接，耐人寻味。

（二）效果光用光的要求

1. 效果光用光的关键是真实，可以说，真实是效果光的生命。在实际生活中，观众每天都有意或无意地同光线打交道，他们对效果光颇为熟悉。如果我们在照明用光中有疏忽，就会给观众的视觉带来不适之感，引起观众对画面的"警觉"，进而引起对节目主题内容、照明用光真实性的怀疑。所以，效果光用光中，光线的投射方向一定要注意符合特定光线照明效果的要求，力求真实和准确，不能为了某种效果而失去生活的真实性。比如模拟篝火光，主要光线的投射方向就一定要来自篝火。

2. 合理的控制光比。在保证主要区域照明的同时，也要处理好其余部分的照明，也可以说，要以主要区域的层次、质感和形状的正常再现为主，同时也要兼顾暗部大致层次的表现。亮暗两部分有效层次表现的标准是要控制在摄像机有效宽容度之内。

3. 效果光运用要注意画面的艺术感染力，要注意气氛，要有明确的目的性，要为主题内容服务。效果光可用多种方法实现，有时可以直接地把光源物（如篝火、台灯等）留在画面中，有时也可以间接地通过真实的光效表现。

（三）效果光的写实与写意功能

效果光有两种：一是写实性效果光，现实生活中的台灯、地灯、床头灯、篝火、炉火、烟火、星光、火光、烛光等，都可作为再现对象。二是写意性效果光，表现某种象征、含意或作者的某种主观意念。效果光的运用能使画面具有生活气息和浓郁的气氛，在电视剧中，它还能烘托环境气氛，交代、反映人物的特定心绪，形成画面的"无声语言"。

写实性效果光的运用：首先要明确，再现的是生活中的什么光线效果，主光应从什么方向投射而来，所投射过来的光线是否符合特定光线效果的要求，有无不真实的地方。只有这些问题解决好了才谈得上效果光的运用。在效果光的布光中，确定了主光的投射方向后，再考虑人物的辅助光。辅助光主要是再现暗部的层次，这种光可以直接投射到人物暗部，也可采取间接的反射方法，提高整个画面的暗部基础亮度，这在电视剧中最为常用。电视剧《继母》中，室内所有台灯光、地灯光、床头灯光布光中，辅助光大部分打在墙壁或反光板上，形成均匀、柔的散射光，为提高整个画面亮度和满足技术上的曝光要求打下了基础。

写意性的效果光，有很强的寓意效果。在电视剧或写意性较强的电视艺术片中，常常采取这种方法交代、说明某种时间概念。如早晨日出，模拟太阳光线从窗子透射到室内，在一面墙上形成窗子投影，光线偏暖色。傍晚，太阳偏西。"阳光"又从窗子另一侧照射进来，洒落在另一面墙上。这种光影的变化，交代了时间特点，给人们造成了很强的视觉印象。电视剧《继母》的许多场景是在同一间屋子不同时间里拍摄的。再现一天时间的变化，只有效果光才能完成这个任务，给观众以鲜明的时间概念，为表达主题服务。光影在写意性的效果光中有很强的象征意义，如从钢窗、铁门透射进来的一丝光线，投射在牢房的墙壁上，线条有力，亮暗对比强烈，象征着革命者的坚强不屈，预示着光明即将来临。英雄站在敌人架起的火堆前，火光在人物脸上闪动，象征着宁死不屈等。电视剧《路》中有一段效果光运用很好的例子，有很强的写意效果。男主角是汽车司机，女主角是养路工，两人产生了爱慕之情。一天晚上，小伙子开车到姑娘的养路地段时，天下了大雨，雨水把路面淹没，车无法再向前行驶，最后小伙子把车停在路边，和姑娘一起到路旁的一间空房子中避雨，他们两人抱些柴草点起火，微弱的火光在两人脸上闪动……是大雨给了他们这样的机缘，人们认为这时两人可以把内心的话语谈出来了……火逐渐燃起，火光在两人身上、脸上闪动，由弱到强，由暗到亮，此时两人复杂的心理和久埋在心底的"话语"通过频繁闪动的火光表达出来了，这种用闪动的火光暗示人物的内心活动的寓意效果，更富有诗意。在这里，光线的"语言"表现出了特有的魅力。

（四）效果光实际运用分析

效果光用光的效果，需要在布光现场进行各种处理获得，这种处理主要是为了使所模拟的效果光效果真实。如果处理得当，观众不但不会感觉到这是人为模拟的一种效果，而且会随着这种效果进入一个真实的生活氛围之中，去感受生活，去感受作者赋予的主题与内涵。

火光

火光包括篝火、炉火、灶台火等。在实际的拍摄中，火光自身的亮度太低，摄像机难以正常再现其效果，通常都需要人为加用灯光提高现场效果光的照明亮度，在此基础上加以模拟和再现。

在实际照明布光中，首先要清楚所模拟的是哪一种火光效果，然后确定灯位角度，主要灯光的投射方向要同火光照明方向一致。再者是在灯光前加淡橙红色滤色纸，将其光线投射在反光板上，然后反光板上下匀速地波动，将反射光投射到被摄体表面，如图 8-68 所示。

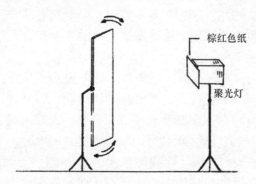

棕红色纸

聚光灯

图 8-68　反光板与灯具配合再现火光效果

这种方法简便易行，效果明显，但要防止反射光过亮和反光板波动过于频繁，过分夸大效果。

除以上方法之外，还可采用转盘光并借助灯光前被电扇吹动或人为抖动的布条帘，营造火光的照明效果。

有时灶台火光和炉火光照明面积小，再现这种效果时可人为遮挡反光板的反射光线或使用灯光遮扉限制灯光本身的光线投射。

水纹光

人们在水边散步时，偶尔会发现太阳光线照射在水面上，水面把太阳光反射到岸边的树木、墙壁和人物身体的表面上，水纹光波动的效果十分诱人而富有变化。由于水面情况的不同，它反射的光纹也就不一样。

这种水纹光有极强的渲染效果，它波动的快与慢、相对静止或活动都能表现不同的画面效果和情感变化。

再现这种水纹光难度较大，首先要注意以下两点：

1. 被摄体要避开太阳直射光照明，最好处于树阴等处，这样才能较明显地体现水纹效果；

2. 太阳、水面与被摄体三者的光线投射、反射和接收关系，它们所在的位置、方向和角度要真实。

模拟水纹光效果，以下方法可供参考：

首先，拍摄以人物为主的全景画面，意在让观众感受到这种水纹光的存在。可用两块或几块反光板采取不同的反射与波动方式，把太阳光线间接地反射到被摄体表面。根据被摄体距离"水面"（反光板）的远近不同，选择使用强弱不同的反光板。然后把两块或多块反光板放置在一个较集中的位置上，如果被摄体是固定在某个位置上以静态为主，那么反光板反射光也就相对固定地向一个位置反射，其中一块反光板左右波动，另一块反光板上下波动，两块反光板的反射光线交织在一起，在被摄体表面就造成了一个较真实的水纹光线的波动效果。如果被摄体处在运动中，比如在水边散步或倚在行驶的船舷边观赏风景等，可使用多块反光板在被摄体活动范围内交叉反射成一个水纹光区域，即在有效而有限的区域内再现真实的水纹光的光线效果。

再者，拍摄以人物中近景为主的固定位置的画面，对水纹光真实性的要求比全景高。除采取以上方法之外，可让被摄体站在某一平面物体附近，如长条桌子、乒乓球案子等，把水倒在平面上，不停地用工具在上面不规则地运动，其反射出的光线可接近于水纹光效果。也可将水倒在大块玻璃镜子上面，不时地使镜面产生一些轻微的波动，效果颇佳。

如果在演播室或摄影棚内拍摄，可用浅沿大盘或大浴盆，最好是人工制作的长方形盛水大盘，放在被摄体面前的地面上，使用聚光灯照射水面，真实的水面反射光就出现了，效果极其真实。美国故事影片《复仇》中，飞机驾驶员杰去墨西哥看望老朋友迪比，夜晚两人坐在游泳池旁的凉亭内的椅子上谈话，游泳池四周的夜晚照明效果就是用灯光模拟的。灯光照射在水面上，反射到两人的身上和周围环境表面上，光线效果真实动人，让人有身临其境之感，同时这种波动的水纹光也较好地表现了两人矛盾的心理状态。

道具灯

道具灯常指台灯、马灯、油灯、地灯、蜡烛等，道具灯能制造出极为逼真的灯光效果。在用光造型中，需要照明人员的精心设计和现场细心的处理。

1. 使用柔和的点状光源，如聚光灯，有效提高道具灯照明区域或范围的亮度。

2. 光线投射方向是检验道具灯照明效果是否真实的关键，有时出于造型需要可以适当调整其投射角度，但不能犯"原则性"的错误，即随意地改变光线的投射方向。

3. 使用辅助光或底子光照明，人为地把亮暗两部分的反差、光比调整到磁带或胶带的有效宽容度之内。辅助光有时会造成不真实的人物投影，应尽量加以消除。

4. 尽量避免由于人为加用照明灯具照明，使马灯的灯架、油灯的底座、台灯罩和地灯罩不真实的投影投射在台面上、桌面上。对人为加光造成的道具灯外部过亮现象，要进行人为补救处理，可以对道具灯进行局部遮挡或利用摄像机角度小范围调整、景别范围的微调加以弥补。

5. 可在拍摄时更换原台灯、地灯灯泡，使用稍大的灯泡，但要注意台、地灯的灯罩最好不要过于透明。

6. 再现马灯、蜡烛和油灯由暗到亮的点燃过程，可使用调光设备。

7. 在正常的马灯、蜡烛光线照明中，马灯的灯捻有时可改换成小灯泡，蜡烛中心也可挖空改放小灯泡，这样人为控制起来就比较方便。在电视剧中，有时一个画面或镜头很难一次拍摄成功，少则几遍，多则几十遍，由于人多走动频繁，使蜡烛周围风向变化无常，灯芯摆动烛水流淌，很难保证蜡烛不"穿帮"并造成剧情或时间衔接上的问题，使用小灯泡人为控制就可解决这个问题。有些电视剧拍摄还使用了塑料空心"蜡烛"，里面小灯泡点燃时确有以假乱真之效。

雷光闪电

这种闪电效果通常使用在剧中傍晚、夜间或舞台演出的某些有情节变化的节目中。模拟雷光闪电效果，常用炭弧灯瞬间触发的方法。如果没有炭弧灯，也可使用大功率的镝灯、聚光灯等，在需要时迅速打开，然后再关闭遮光板，也可采取瞬间开关灯的办法。

雷光闪电效果真实与否，取决于闪电方向，不可在背景上造成过多杂乱阴影。由于闪电来自室外，门窗处线条宜简单。为了加强真实效果，可在闪光瞬间使画面曝光过度。同时，室内的道具灯照明与室外的闪光照明，可考虑利用色温差异造成冷暖对比。

目前有一种新的方法，采用幻灯片表现闪电效果。这种方法用在舞台上用人眼观察效果较真实，一旦用在摄像机前现场拍摄，光线就显得较弱，效果就显现不出来了。

球面反光镜

球面反光镜也称为星球效果器，它是由许多镜面组成的圆球体，用电动机带动圆球旋转。使用中，可用一盏或几盏大功率聚光灯或追光灯，在几个角度上照射球体，这样许多流动的光点图案就会出现在现场内，造成一种流动、活跃的现场气氛。有时还可在灯光前加各种滤色纸，便可出现更为复杂又富有变化的效果。当然，在技术进步的今天，电脑灯表现这种效果会更有心意和更有变化了。

根据创作的要求，现场的亮暗反差可人为进行控制。为了减弱人眼的不适之感，同时考虑摄像机的具体特点，整体用光设计应尽量避开强烈反差，根据现场光线的情况，可加用底子光照明。

四、不同景别用光侧重点

不同景别的布光有不同的要求，各有所侧重，下面分别加以说明。

（一）全景：形成布光格局

用光线交代环境，展示空间深度，表现某种时间概念，是全景布光的主要任务。布光中应照顾一下背景，通过环境来烘托主体人物，环境的塑造与人物的塑造同样重要。全景画面应有一定的影调过渡，常以侧光与侧逆光布局，来塑造画面立体空间。在这种景别画面中，主光光源投射要有明显的方向性，有时用一盏或几盏灯同时从一个方向投射过去。辅助光工作量也比较大，在不出现人物众多投影的前提下，要给予画面各个部位以均匀的辅助光照明。在电视剧《继母》中，为了再现房间全景内的早晨气氛，使用了5盏主光灯从窗外透过窗框照射进来，从而确定了主光的具体投射方向；辅助光打在室内墙壁上反射出柔和的散射光，照明场景内没有被主光灯照明的阴暗部分，从而降低了画面反差。整个布光一般要求：光位层次清楚、明确，前后主次分明，要避免繁杂的人物、物体投影。在电视剧中，全景的灯光布局，奠定了整个场景布光的基础。

在全景布光中，光线要同剧情和环境气氛相吻合，不同气氛要有不同的布光基调，如欢快喜庆气氛，以明朗的调子为主；压抑、低沉气氛，以深色调为主。

（二）中景：注重形态交流

在中景拍摄中，应把光线的注意力转移到人物的形态、人物间的情节交流线上。因为在中景画面中，人物不同的心理状态、不同的心境都会借助人物自己的形体姿态、动作、手势表现出来，环境作为人物情节交流的衬托，要服从人物的表现。在电视剧中，这种景别最为常见，它的布光是在全景光位基础上进行适当调整，但不改变全景布光的格局。其主要光线的投射方向同全景保持一致。辅助光可作局部小范围的调整，以保证人物情节关系的展现和人物脸部的基本质感。要防止过分夸张对人脸的照明，而忽视整体影调的统一和谐。

（三）近景：力求神形兼备

近景光线的注意力放在人物面部或任何物体的局部。近景布光面虽小，但要求细致，要有具体的光线照明效果，光线应服从人物面部神情的展现，也就是说主要光线应以突出人物神态为主。在近景拍摄中，要注意人物神情与光线描绘形式的合理统一，观众想知道的，也正是光线要细致描绘刻画的，要做到"表里如一"，即光线的"性格"要同人物的性格展现相吻合。近景画面的光线描绘重点应放在人物的眼睛、面部、身体的姿态和手势的起扬上。

在近景画面中，光线决定着画面构图的基本形式，构成了人物神态的主要外形。

（四）特写：刻画内心世界

特写，主要是用光线来表现人物的面部与眼睛，可以说光线是沟通观众与画面人物感情交流的"媒介"。光线的刻画与描绘，要注意同人物的内心状态、情感、内心世界的外在流露相一致。眼睛是心灵的窗子，眼神光的高低、大小、强弱、多少，能揭示人物不同的精神世界。青年、妇女、儿童的眼神光一般应在黑眼球中间偏上一点，其光点要求小而柔和，中老年人的眼神光可位于正常的眼球中间部位。有时为防止眼球内光点单一，可在黑眼珠与眼球之间部位上再加一个散状光斑，能使人物眼神更有魅力。眼神光不能太强、太大、太多。在电视剧中，特写是片子中的高潮所在，灯光配置上也颇为讲究，在用光上，要求细致、精微，要把观众的全部注意力吸引到人物的面部神情上来。

（五）基本用光要求

一幅画面，一个场景，如同画家手下的画布。画家在绘制图画之前，要有构思，想表达什么，强调什么，什么样的形式最能表现主题，最能反映作者的思想感情等，要做到心中有数。对于一个场景、一幅画面的布光来说，也同绘画一样，要审时度势。无论专门从事照明工作的同志，还是摄像师本人，对场景的照明布光都应有个正确认识，不要认为那只是一项体力劳动，而应把它列为艺术创作的范畴，是电视创作中十分重要的一个环节，是一幅画面、一部片子成败的关键所在。

各门艺术都有其自己的特点与要求，照明艺术也是一样，也有它自己的特点与要求。

1. 布局合理性

布局的合理性就是要求光线具有真实性，合乎现实生活中的光线要求，一切布光、照明要以这一点为前提。艺术的真实来源于生活的真实，照明的虚假会影响画面内容的表达，给画面整体艺术创作带来不利影响。

光线布局的合理性也要求人们根据现实生活中真实的光线效果，来选择提炼适合于主题表现的光线进行画面造型。有时根据主题的要求，可对光线进行合理的、适当的艺术处理，使光线既来源于生活，又高于生活，赋予光线典型意义。

2. 光位要统一

布光中应注意光位统一，这在电视照明中是一个基本要求。这在本文之前多次提到。现在存在着这样一种现象，拍一个镜头重新打一次光，很容易出现光位不统一问题，前期拍摄的许多单个镜头，到后期剪辑时，发现有些镜头光线不接，如前一个镜头主光由左侧投射而来，后一个镜头又突然变为由前方射而来，或右方射而来。光位的不统一造成了镜头组接的困难，很容易带来影调不接。一些画面明暗不一，忽明忽暗，原因就是光位不统一。总之，在布光中对场景总的整体照明要有设计，首先应确定大的场景布光，然后不管变换机位，还是变换景别，要以整体设计为蓝图，不能随意改变主要光线的投射方向。根据具体机位、具体景别作局部调整是可以的，以满足不同机位、景别的需要。

3. 避免"多太阳"现象出现

布光中要尽量避免灯光的非正常投影。灯光使用越多投影越多，这是个自然现象，关键在于怎样对待投影。有的投影要保留，有的则要千方百计减弱或去掉，避免出现"多太阳"状况。如在正常日光照明下，被摄体只有一个投影，这属于正常的投影，如果另外还有投影，就属于不正常投影了。"只要布光，你就应力求只有一个影子。"① 消除不正常投影的方法有很多，比如用装饰光消除或减弱不正常投影，适当调整灯光的高低、聚散和投射的角度，让投影置于画面边框之外，还可利用拍摄方向与角度的变化避开不正常投影，利用深色陪体或物体作背景，吸收光线投影，有时还可使用长焦距镜头缩小背景范围或让被摄体离背景远一点等。辅助光常是造成不必要投影的主要光源，可在灯具选择上尽量用大面积发光体的散光灯具，它有较好的散射光能力，投影界限含蓄、不明显。尽量不用发光点小的灯具，因为发光点小，成像率就高。还可让辅助光靠近拍摄轴线，将影子置于被摄体之后，也是减少投影的一种方法。在电视摄影中，布光还比较讲究方式方法，如推、拉、摇、移镜头，把布光重点放在起幅落幅上，以静止画面为主，活动画面为辅。如推镜头，起幅可能是一个全景或中景，布光时应注意把这个景别范围之内的光线处理好，在推镜头过程中布光不用太精细，当镜头停幅落在某局部中的一个点上时，点上的布光要讲究，质量要求高，摇镜头也是一样。一部电视片长短不一，有过渡场景和重点场景，剧中人物有主有次，道具有剧情所需要的道具和陪衬道具，用光时要突出重点，要抓主要矛盾，把"兵力"用在关键部位上。灯具布置也是一样，不要面面俱到，不管轻重缓急地一律用光。由于灯位过多，容易顾此失彼，弄不好，反而会影响整个片子的质量。

布光是一个复杂细致的工作，主题不同、拍摄环境与被摄对象不同及每个人的思想感情不同，对布光提出的要求也不同。但用光线准确地体现主题思想的目标是一样的，这就需要人们对主题、片子的整体构想有透彻地了解，并在拍摄中反复实践与摸索，找出规律性东西。有位作家说得好，经验来自实践，艺术创作的真谛也是实践。

五、利用光线与技术条件校正和弥补人物脸型不足

人工光线照明的主要对象是人，人是照明艺术表现的中心。每一个电视工作者都力求完美地表现人，力求用各种方法表现人的美。在这方面，人工光线

---

① 阿·阿瑟·英格兰德、保罗·佩佐尔德：《电视影片的摄制》，张国译，中国电影出版社，1987，第139页。

有得天独厚的地方，它可增美遮丑（美与丑在这里是针对具体对象而言，如人物的脸对称、均匀就是一种美，不对称、不均匀就是一种"丑"），可根据具体拍摄对象用光线这支"笔"进行精心描绘、刻画，从而修饰或弥补人物脸部的某些不足，达到最终表现美的目的。

根据人物相貌的具体情况来确定主光投射方向，造成明暗对比。人们曾做过这样一个小试验，同样大小的正方形体、都在同等距离上进行对比：左边是一个白色正方形，右边依次排列着三个同样大小的浅灰、深灰、黑色正方形体。对比结果可想而知，这四个正方形给人视觉在面积大小上的差异是：颜色越深，使人感觉面积感愈小；而颜色愈浅，使人感觉面积感愈大。若把眼睛的这种错觉应用到灯光照明中，可以很好地弥补和修饰人物脸部的自然缺陷。如人脸一边大一边小，灯光照明时可把主光配置在小的一侧，强调小的一侧脸的面积，在画面上就弥补了其不足。人有胖瘦之分，在照明中瘦小的脸型宜用宽光或面光照明，光比小一点，人物就能显得丰满一些；肥胖的脸型宜用窄光照明，光比大一点，主光照明面积小一点，人物就可显得瘦削一些。主光侧一点高一点，能加强人物脸部高处与低处的对比，如额头、颧骨、鼻子同眼窝、脸颊的对比，对比之中显得高处很突出。如果人物脸部颧骨高、眼窝深就不适合这种用光，相反主光需正一点低一点，脸部低处影调就会浅一些，高处与低处对比就会缓和一些。

利用镜头的透视原理，来弥补物象的不足。当我们用镜头观察一个脸型正常的人物时，因观察方向、高低、远近不同，同一个人物会有不同变化。如正面平视时，人物脸部均匀正常；正面仰视时，人物脸部显得丰满、肥胖一点；正面俯视时，人物脸部显得单薄、消瘦一点；从斜侧面观察时，侧向镜头的一面脸显得大，眼睛也会显得近大远小，大小不均，观察的距离越近这种情况越明显。利用镜头的这些透视特点与规律，可弥补不同被摄对象的脸部之轻微缺陷。如人物眼睛一大一小，拍摄时调整一下角度，让人物小一点的那只眼睛离镜头近一点，也就是让人物斜侧而坐，主光由眼稍大的一侧照射过来，就可利用透视进行有效的弥补，眼睛大小的差异就不明显了。脸部不匀称、嘴部线条太长、鼻子轻度倾斜的人，可采取同样方法进行弥补。人物胖瘦的处理除以上所讲的方法之外，还可调整拍摄角度的高低，利用人眼的错觉进行弥补。

★ 本章思考与练习题 ★

1. 人工光线与自然光线有什么不同？它的特点是什么？
2. 人工光线照明最常用的灯具有几种类型？常用灯具的技术特点是什么？
3. 为什么说人工光线的五种成分构成了电视内景照明布光的基础？
4. 简述五种光线成分各自的作用。

5. 给一位静态节目主持人布光，有几种方式？试画出布光方案图。

6. 怎样进行固定场景的布光？

7. 动态人物用光应注意什么？

8. 怎样利用人工光线描绘和再现环境气氛？

9. 为什么在电视照明中要注意表现时间气氛？怎样表现好时间气氛？

10. 什么是效果光照明效果？它包括哪些具体形式？

11. 效果光照明的特点是什么？

12. 简述不同景别用光的侧重点。

13. 在人工光线用光中，有哪些基本要求？

第九章　演播室照明

★ 本章内容提要 ★

在电视照明创作中，人们越来越重视演播室照明，它用光复杂，要求高，需要我们掌握和了解演播室照明的方式与特点。

根据不同的节目要求，掌握演播室照明的基本程序。

随着社会的发展，人们对精神以及文化生活的追求越来越高，各电视台和电视制作部门的电视演播室的利用率也越来越高了。演播室承担了各种各样的节目制作任务，如引人注目的大型综艺晚会、紧张激烈的知识竞赛、多机拍摄的室内剧、多姿多彩的服装表演、喜闻乐见的电视小品、现场新闻人物采访、重大新闻节目直播、大型栏目节目、谈话类型节目等。由于节目形式和内容的不同，使得电视演播室照明在风格、个性、基调和色彩等方面差异较大，每一个节目、每一场转播、每一个晚会的照明设计、用光处理都不尽相同。但演播室照明在灯具的配备、照明的特点、照明的设计等方面有共性，有共同的创作规律。

第一节　演播室照明方式与特点

经过多年的实践与积累，演播室的节目制作已逐渐形成了自己的方式、方法和特点，其中演播室的电视照明创作，也形成了有别于其他电视节目照明的特点。对于电视照明工作者来讲，熟悉和了解这种特点，有助于抓住演播室照明创作的关键所在，有助于迅速进入工作状态，有助于挖掘演播室照明创作的潜力，从更高层次上讲，还有助于借鉴其他艺术与其他电视节目制作方面的长处并力求在共性、个性上形成艺术间与节目间的交流和融通。

演播室照明的基本方式和特点。

一、多工种协同工作

各工种协同工作的性质在演播室的节目制作中体现得特别充分。在平时的节目制作流程中，"季节"性的节目和日常的节目制作量很大，使得许多电视台演播室的节目制作处于饱和与超饱和状态，节目的制作周期越来越短。这种境况确实磨炼了队伍锻炼了人，使得大家切身体会到了演播室工作各工种间的相互协调、密切配合的重要性了。

电视照明是各种工种中的一个重要部门，它同导演、美工、摄像、演员、节目主持人有着密切联系，这种联系和整体的协调性对各种节目的制作以及节目质量关系重大。如果节目是直播形式，这种整体协调就必须达到"炉火纯青"和"万无一失"的程度。可以说，演播室节目的制作就像乐队演奏一样，如果过分强调某一点或某一种器乐，没有协同观念，那么就不会演奏出优美和谐的乐曲。

二、全方位立体设计

全方位立体照明构思与设计，有别于其他电视节目制作的照明方式。比如同样是晚会照明，其他形式的晚会照明，有的只限定在一个方位、一个视点、一个表演区进行，照明设计比较简单和容易，而电视演播室的晚会照明则是在全方位空间内进行的，是一个立体的照明结构形式，它要尽量能适应多机位、多角度拍摄，要能在不间断的节目进行中，满足观众的参与意识和视觉需求。

全方位照明设计用光，较其他晚会的布光设计难度高、使用灯具多、场面调动复杂，需要照明工作者把照明的缺憾限制在最低程度。

对电视照明工作者来讲，应具备成熟画家的胸怀和宏观调控、重点突出、微观细描、倚重就轻、审时度势的能力。画家在构造一幅画面时，要利用手中的笔，在画平面上再现出具有三维空间的立体画面，并从主体、陪体到前景、背景，从影调的深浅到色调的冷暖，在大脑思维意识的调控下进行艺术的创造，这与照明工作者进行照明设计很类似。演播室照明工作者应根据自己本职工作的特点，逐渐增强全方位照明设计和灯光调控能力，在"一气呵成"的演播室节目制作和照明工作中，把握全局，抓点促面，力求做到光位清楚，节奏适宜，气氛浓烈，效果明显和富于变化，让光线参与到画面的造型和整个节目的制作之中去。

用光线去拓展现场写实空间，增强视觉思维空间和延展写意空间。

三、现场照明的连续性

一部电视剧或一部专题片照明的连续性体现在一个场景中、一个段落内或场景与场景、段落与段落间经剪辑后画面间的光调衔接处理上。而电视演播室的各种节目的现场照明设计的连续性体现在与时间的同步运行之中。这种照明用光要适合于景别的各种变化、拍摄角度的不停变换、现场被摄体复杂的场面调度以及被摄体（演员）或现场观众"即兴"式的活动等。

演播室照明的连续性要求照明设计具有承上启下、前后照应、点面结合、结构严谨的风格，在现场镜头与镜头的不断切换中保持光调的基本流畅。

四、强调光线的存在

在演播室节目制作中，人们已经充分感觉到光线的重要。光线能实现画面造型、渲染气氛、抒发情感和强调效果。可以说，演播室节目的制作是建立在"照明存在"的基础之上的。一般的照明只为满足摄像机在技术上对亮度的要求，只能起到"照亮"的作用，让观众看清楚人物的存在、五官的位置、手脚的动作，这种照明与剧情、主题、情感和造型相距甚远。光线的存在如果仅仅是让观众感知物体，它就没有任何欣赏与表现的"价值"了。而当造型、气氛、构图、渲染等作为照明肩负的任务的时候，光线的存在就进入了艺术创作的领域，并以它特有的方式同节目的主题、创作的思想、人们的感情融为一体。

强调光线的存在，有时会让观众过分地意识到照明的存在，这是不利的。做作或过于渲染的照明设计会出现喧宾夺主的现象，扰乱观众的视线，影响主体的突出与表现。形式与内容严重脱节、光线效果缺乏真实、与整个节目的要求出入太大的原因，一是对演播室照明的特点、要求、规律了解不够，二是有些节目过分依赖照明的渲染效果，在节目内容上空泛无味下功夫少，又缺少应有的处理，使演播室照明与主题和观众的视觉要求、习惯游离太远，出现了负作用。提高节目内容的质量，让观众在感受照明存在的同时接受节目的内容，节目内容与相应的用光形式紧密地融合在一起时，照明的存在带来的弊病也就消除或减弱了。如果一台节目最终给观众印象最突出的不是节目内容本身，而是照明的渲染和刺激，那么可以说这台节目并不成功。实践告诫我们，照明形式要永远同照明内容结合在一起。

光线与节目内容结合的越紧密，光线潜移默化的作用就越明显。现代照明观念告诉我们，优秀的演播室节目中，找不见光线单独存在的影子，观众的视觉触摸的是节目的情感和创作者的思想。进入这种艺术创作的状态后，光线的形式，实际上已经变成内容了。

第二节　演播室照明设计

一个即将进入演播室进行制作的节目，它的演播室照明设计是在两个节目之间的有限空隙时间内完成的。当然有的节目可能要经过长时间的酝酿、构思、设计才能完成，例如一些引人注目的大型节目晚会等。在照明进入构思设计阶段的同时，相应地其他部门的工作也开始了，如布景设计、演员化妆造型、摄像机场内角度设计、声音的调控以及话筒的位置等。

一般电视演播室照明设计包括以下几个方面的内容。

一、基本照度设计要求

近年来，低照度的摄像机的问世和数字高清晰度摄像机的使用，大大地降低了对照度的要求。目前电视演播室内的摄像机对照度的要求大大降低，仅需最低600勒克斯至最高1500勒克斯，就可以保证摄像机对场景内物象记录的基本效果。有时由于照度低，使用大光圈并靠摄像机自身调节以求较理想效果，结果出现了被摄体清晰度和色彩饱和度下降、景深变小和图像杂波增加等弊病。

提高场景照度并不意味着越亮越好。而且，这样做时，其副作用不小，如给通风、恒温带来负担，较小的演播室会难以承受超负荷和高温，有时甚至会直接影响工作。

使演播室保持最佳照度的照明方法，通常有三种：一是使用散光型灯具自上而下照明整个场景，形成柔和均匀的底子光；二是使用高亮度的硬质光灯具，在灯前加用磨砂玻璃、柔光纸或金属网纱；三是集中一批灯具置于场景上方，将灯光投射在大块磨砂玻璃、塑料布或多向反射的百叶窗格上，造成一种柔和的"天窗"效果。有些演播室在最初进行灯具安装施工时，就考虑到了这一点。

二、光色再现

演播室照明的光色处理比较复杂。摄像机对光源的色温变化十分敏感，其变化会直接影响画面的色彩构成。光色的再现不能忽视光源色温的作用。

1. 色温平衡

色温平衡，一是指演播室内光源的色温与摄像机需要的色温一致；二是指光源色温与摄像机需要的色温不一致时，用灯光滤色纸提高或降低光源色温或靠摄像机自身的滤色片以及白平衡调整，实现色温平衡。

2. 色彩基础

演播室大多数的节目制作，需要形成一种色彩上总的构成趋势，也就是需

187

要形成色彩基调。这种色彩基调是以一种颜色或相邻的几种颜色构成的，呈现一种色彩和谐、简单、统一的倾向。这种色彩基础同整个节目的内容融为一体，观众视觉心理和感受正常，画面视觉语言具有可读性，便于为观众理解和接受。

3. 色光混合

在灯光前加上各种各样的色片，造成一种静态的或动态的五彩缤纷的色光效果，可有效地增加现场气氛。色光的丰富变化能有效地引起观众的视觉兴奋，形成一种光色变化的节奏。在进行这类节目的布光设计时，要考虑到观众视觉的承受能力，时间不宜太长和变化过于复杂。用光设计还要争取在现场的主要区域内始终保留一种主色调，一切复杂的光色变化都建立在这种主色调基础之上，这是进行这类节目照明设计时常采用的一种方法，否则会给观众一种眼花缭乱、重点不突出、用光过于零乱的感觉。

三、演播室照明程序

演播室照明程序受制作条件、时间、节目内容、不同照明设计人员、环境制约而不尽相同，各有特点。也可以说，演播室照明的程序不是一成不变的，它没有固定的格式与方法。

1. 初步照明构思与设计

这种照明构思是从反复阅读导演的节目内容本子开始的。有时没有这种本子，第一步常常是从导演阐述开始的。有的导演阐述得比较细致，对各个部门（包括摄像和照明部门）有这样或那样的希望和要求，有的导演阐述则比较粗略。这是照明工作者准确领会导演意图、正确体现节目的主题内容、把握照明创作风格的关键。对节目制作的初步照明设计，是在同导演、美工及有关创作人员反复地讨论、协商、论证中逐步明确和清晰起来的。创作中的诸多问题必须经多方现场协商解决，比如表演区域的大小、同时有几台摄像机活动、话筒架放在什么地方、美工的道具布景怎样安排、主要表演区域与群众区域距离多远等，经过反复磋商，节目现场的情况便越来越清楚了。可以说，反复讨论磋商的过程就是对节目制作构思与设计的过程。经过导演和主创部门的初步接触，各个部门便开始进一步的工作，使设计更为接近现实。照明部门同美工部门的相互配合很重要。照明部门首先要了解场景内美工设计的整体思路和对场景造型形式以及光、形、色的要求，反复琢磨、理解、领会美工初步绘制的演播室布景设计平面、立体图，了解图中门窗的位置、景片之间的空隙大小、景片的大致高度和场景内美工设计的整体基调等，这是丰富和完善照明设计的需要，也是照明设计的依据。

2. 现场布光

演播室内实施现场布光，是照明创作的第二步。首先，照明师或照明设计者要向照明部门的创作人员详细阐述整个节目用光的设计想法，比如整个节目的基调、场景的气氛、色光的运用、主要照明区域和非主要照明区域的用光区别、亮暗反差以及光比的控制等，有时还可更为细致地阐明具体的灯位、角度、光线的投射方向等。实施现场布光前的这种"座谈"式的照明用光阐述是十分必要的，它的益处很多，可以听取大家的建议、补充，使布光设计更为成熟，同时还可统一创作上的想法和认识。实施现场布光一般采取由面到点、从远到近的布光顺序：

（1）天幕光照明

演播室布光通常都是从天幕光开始。天幕光常用散射光灯从正面进行均匀照明，其亮度应该是整个场景综合亮度的最高部分，这种亮度分布是模拟自然光的照明效果，依人们的视觉印象及习惯而来的，同时也符合场景视觉透视的要求。天幕光的亮度分布也应有变化，接近地面部分较亮，而离地面远的地方相对亮度就低。其次，天幕光的色调处理通常是上部为蓝色，下部逐渐偏浅蓝色。根据节目需要和场景气氛要求还可以处理成其他色调。

天幕光在整个场景用光中的烘托、渲染作用不容忽视。

在布光中，天幕光要尽量简单，要以某种单一色调为主，同时要防止出现景片和灯具的投影。

（2）环境光

环境光通常指场景四周及人物活动区域以外的背景光照明。环境光可准确交代环境的具体特征，表现各种时间状态，即晨、夕、夜、昼等。

环境光的整体布光要同天幕光协调一致，根据节目内容的需要，处理好现场气氛和基调。环境光的用光也宜简洁。

环境光也包括布景光。照明部门提供出与美工设计色彩基调相吻合、相统一的光线照明，可创造出某种典型的环境并形成某种氛围。

（3）表演区的布光

表演区的布光是演播室布光的重点。同是一个表演区，依据节目内容与形式的不同，布光也有很大的不同和区别。例如一个大型晚会中，各种类型的节目编排在一起，每个节目所表达的内容和情感不一样，节奏的快与慢、场面的大与小、人物的多与少也不一样，那么，布光也就应有差异和变化。为了适应这种情况，使灯光在运用中满足不同要求，就要对每一个节目的用光方式进行记录并分组编排，人为进行控制或给调光台输入编好的程序，进行现场机械化控制。

在表演区布光，首先要了解现场的一切情况，例如现场人物的行动路线、方向以及起止点，还要清楚镜头是固定拍摄还是处于不断的移动之中等。下面介绍几种常用的表演区人物基本用光方法。

第一，处在运动之中的全景、中景人物的用光。一是采取几盏主光灯同时照明人物，人物与人物之间采取灯光互相衔接的方法进行造型处理，与此同时几盏辅助光灯也采取这种方法分别进行辅助照明。二是以底子光照明为主同时加用轮廓光，根据人物多少可选用双边轮廓光或多边轮廓光分区域照明。三是使用大面积散光照明，同时分小区域单独组织主光、辅助光和轮廓光照明，各小区域由散射光连接。对表演区内的活动人物用光：镜头的起止画面和人物的相对静止时给予细腻的用光处理；点与点之间的"线"则以环境光为主。

第二，拍摄人物静止的近景和特写镜头时，可以充分发挥光线的造型作用，通过合理的光线组合，揭示人物的内心世界和感情的细微变化。

3. 排演与合练

排演通常指演员按照导演的意图和要求，在正式演出前进行实地走位，寻找演员的最佳动作点和确定良好的配合等。这种排演有时要反复进行多次。可以说，反复排演的过程，就是照明工作者对自己照明设计和布光效果的检验过程。导演的场面调度和演员的走位、排演基本定型后，照明也由雏形进入了基本定型阶段。演播室前期照明设计固然重要，但进入现场后照明创作的"灵感"也不容忽视。有时在演员的走戏、反复排演中，原有的灯光设计方案会发生变化，这种变化使照明的造型效果越来越好。每次较大或轻微细小的调整，都会使照明工作者有新的发现，对照明造型有新的认识，业务能力有新的提高。

进入各个创作部门合练之后，照明人员可通过监视器了解现场灯光配置后的明暗、反差、光比、色彩和主次场景间的情况，可建议处在各个方向、高度、距离上的摄像机展示一下现场用光情况。在合练中，有时可建议导演停一下，对场景某个部位的灯光高度、仰俯角度、散聚状态进行适当调整；还可提醒导演并说明哪一种演员走位有利于出现好的照明效果；也可帮助演员了解同照明部门配合的重要性。合练中照明效果不理想的地方一定要进行补救和调整。如果照明已无能为力了，那么要检查一下是不是景片太高？两景片间隔太小？人物离背景太近？演员走位不合理？还是摄像机离人物太近等，要同其他创作部门进行协商处理。

"彩排"是正式播出或拍摄前的最后一次合练机会，各个部门的创作基本进入成熟阶段，主要是检验各部门的配合、协调。在彩排过程中，一切效果的最终体现是画面，照明人员应密切注视画面照明效果的变化，随时记录下需要进一步调整的问题。同时也要注意在有些节目中，因个别演员没有参加前期排演，给各方面配合带来的困难。当有的演员"即兴发挥"走出表演区时，照明应有应急措施，最大限度地弥补其对照明效果造成的破坏。

在排演、合练以及正式录制中，照明人员的工作应有明确分工：

第一，照明设计人员在灯光控制室与灯光控制人员一同按照明设计程序进行现场调控，随着节目的进行不时地提示灯控人员实施照明的各种变化。要注意场与场的灯光衔接、渐明、渐暗、效果光变化等。

第二，一位或几位照明操作人员在现场进行必要的跟光操作，操作中要注意跟光的节奏、速度和起落点。

第三，一位或几位照明人员负责地面流动灯。

第四，有专门人员在地面使用灵巧的灯具或在高处使用追光灯随时应付现场的"意外"。

第五，随时调配备用人员到各个岗位上去。

演播室节目的制作需要各个创作部门的协调合作，具体到照明创作部门，也同样离不开全体照明创作人员的合作和默契配合。

第三节　4k 视域下的演播室照明

随着 4k 技术的不断发展，从高分辨率（HR）、量化深度（BD）、高帧率（HFR）、宽色域（WCG）、高动态（HDR）这五个量化指标上均明显优于现行高清的技术标准。全球的 4k 超高清技术发展迅速，2016 年，我国首个大型 4k 演播室在中国传媒大学建成并开始运行，由此开始了中国电视节目制作的 4k 步伐。如今，4k 演播室在中国各电视台陆续建成使用，它是集高新技术与艺术为一体的制作基地，标志着中国电视已经进入 4k 时代。在 4K 演播室制作系统中，会有哪些新的要求？

一、全新画质效果

随着电视画面素质从 2k 提升到 4k，从高清（HD）发展到超高清（UHD），电视画面发生了硬核、质的变化。这种变化对演播室照明创作的要求及演播室照明技术光源的要求也在快速提高，最终带来了全新画质的视觉感受。

第一，分辨率：指的是 4K 画面的画质细腻程度。4k 的分辨率是 3480×2160，相比高清画面，同样的画面面积内像素密度（PPI）就提升了 4 倍。也就是说，密度越高，拟真度就越高，画面的细节就会越丰富。

第二，高量化深度：4k 的量化深度能够达到 10 比特甚至 12 比特，即 2 的 10 次方甚至是 12 次方级，即达到了 1024 级甚至 2048 级。这对画面细节表现具有重要意义，使得画面由亮到暗或由暗到亮过度层次更逼真、更细微。

第三，帧速率：目前 4k 比较普遍的是 50 帧/秒，但在电影制作领域已经出现了 120 帧/秒的帧速率。原来的高清帧速率每秒钟 25 帧，与电影的胶片每秒钟

24 格接近。帧速率是一个标志，特别是在演播室灯光照明下，所获得的每一帧运动画面都有较好的清晰度、平顺度和平滑效果。

第四，色域：4k 的色域标准是 Rec. 2020，从图 9-1 中看出 4k 呈现的颜色种类多而丰富，4K 实现了高清画面无法实现的色彩效果，这对画面色彩的表现是突破性的。

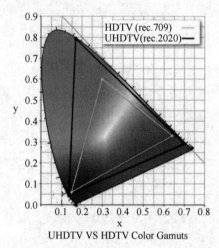

图 9-1　超高清电视和高清电视的颜色对比

第五，动态范围：动态范围是指画面中高亮度和暗部的跨度，或叫范围值。超高清技术具有高动态范围值，这也是它在技术上的一大特点。超高清图像中亮、暗比值大于标准动态范围。高清的动态范围是标准动态范围，标准亮度最亮为 100 尼特，最暗为 0.1 尼特，这样，高清的动态范围比值是 1000∶1，也就是 10 的 3 次方。进入 4k 超高清时代，高动态范围能达到 10 的 5 次方甚至 10 的 6 次方以上，属于高动态范围。见图 9-2 超高清电视和高清电视的色域对比。

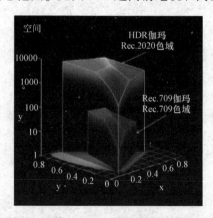

图 9-2　超高清电视和高清电视的色域对比

从图 9-2 超高清电视和高清电视的色域对比可以看出，纵向坐标加了亮度指示的色域图，可以看到 2020 色域相比 709 色域，在加了所对应的亮度指标后，色域空间明显体积增大，展现了 4k 画面色彩的魅力，色彩细节、层次阶调丰富多样。参看表 9-1 标清、高清、超高清的不同参数对比表：

表 9-1　标清、高清、超高清的不同参数对比

	标清电视 SDTV	高清电视 HDTV	超高清电视 UHDTV
技术标准	ITU-R BT. 601	ITU-R BT. 709	ITU-R BT. 2020
分辨率	720×576/720×480	1280×720/1920×1080	3840×2160/7680×4320
像素宽高比	非方形像素	方形像素	
画幅宽高比	4：3/16：9	16：9	
取样结构	4：4：4，4：2：2，4：2：0		
量化	8/10 比特		10/12 比特
色域	EBU/SMPTE-C	REC. 709	REC. 2020
基准白	D65		
扫描	隔行扫描	隔行扫描/逐行扫描	逐行扫描
刷新频率	50/60Hz	24/25/30/50/60Hz	24/25/30/50/60/120HZ

二、全新照明观念

4K 超高清画面，在画质以及色彩表现力上带来了跨越性的提升。这种提升，对演播室照明系统提出了新的要求，也就意味着电视演播室照明技术与艺术创作，面临着观念的更新。

第一，强化综合艺术特征。

演播室照明创作，面对的不仅仅是舞台环境、被摄群体和个体、LED 屏和景片等，它需要一个综合制作团队的统一策划、协调、调动和配合。演播室节目正式制作前期，照明设计要拿出照明创作的方案和协同协作要求，这种照明创作的重心开始前移，要引起重视和注意，也是 4K 超高清创作的新的理念。比如：演播室演播区域涉及的舞美舞台整体设计、景片位置和质地、演员衣服设计、舞台色彩基调设计、计算机植入内容设计、内容所需大小型道具设计等。这些进入画面的视觉要素，要统一考虑在 4K 摄像机的审视下、照明的再创作，呈现的画面还原的最终效果。高清时期演员服饰白色和深色不可兼容，照顾到了白色，深色就没有层次，反则反之。可是在 4K 时期，虽然亮暗可以兼容，但是照明创作的核心还是保证人物脸部肤色的正常还原，那么整体设计时，就要考虑人物的肤色是光色表达的重点，舞美设计要以此为中心，协调环境、背景、服饰质地、道具质地，甚至大屏播放的画面内容的色调等的统一协调设计。否

则各工种各自为政，镜头内相互"争斗"，抢夺视线，寻求刺激，一盘散沙，虽然舞台把节目聚在一起，但节目本身没有整体感，更谈不上艺术和审美效果。

第二，布光精准控制。

4K 优秀的画面质地，亮暗平滑细腻的视觉过渡，丰富的亮部和暗部阶调层次，这是高清时期所欠缺的。由此也带来一些需要注意的用光细节，在同一个画面中，如果同时在被摄主体表面存在高光部位和低光部位，4K 摄像机会自动平衡画面中各个部位亮度值（包括最明显的画面中高亮度和低亮度两级值），给出一个似乎合理的平均值画面，如果画面是人物的特写或近景，基本能够以人脸为主侧曝光，从而基本保障人脸的质地效果。如果画面是中景或全景，4K 摄像机在自我测曝光、平衡亮度值的时候，很难保障主题人物人脸的质地效果。例如人脸周遭、环境、衣服、道具等，如果在拍摄前不进行细致的布光调整和处理，很难保证人脸主要部位的正常色彩、肤色、质地再现。在 4K 时代布光要求更加精细、严谨，光线的角度控制更加严格，无序的光线投射、相互干扰、漏光、刺光以及光线暗亮过于不平衡，都会体现在最终的画面上，误导观众对创作主题的理解，分散观众的注意力，影响 4K 画面的质地效果。

第三，灯光照度提高。

虽然现在的 4K 摄像机依然以 2/3 英寸的成像器件为主，但 4K 摄像机为了容纳更多的高光，将整个伽马曲线的斜率压得更平，这样对灯光的照度要求相比之前的高清摄像机提高了。4K 摄影机光圈与高清摄像机相比差值大概为 1 挡，照度相差一倍左右。

这就意味着，4K 摄像机让我们看到得到了最佳的画质，但同时画面中的照明光效被淡化了。

第四，灯具高显色性。

灯具的显色性是指灯具（光源）对物体的显色能力，也可以说灯具照明对物体颜色真实还原的能力。在 4K 时代，通常灯具的显色指数 Ra≥85 才能基本满足画面色彩还原的要求。仅从 REC.2020 色域的范围来看，很显然对灯具显色指数的要求更为严格。因为 4K "纤维毕现"的高清晰的画面质量，它会放大高清画面出现的色彩轻微偏差的"瑕疵"。所以 4K 照明制作，通常都选择高显色指数的灯具。

三、全新光影审美

演播室照明创作，实际上就是在内容的载体上，用技术手段灯具，用艺术手段灯光，进行现场人物的塑造和刻画、场景气氛和氛围的营造、舞台灯光综合编程设计，从而准确传达主题意义和照明师的艺术追求。4K 超高清技术手段，让观众欣赏到了全新的画质效果，满足了现阶段最佳的接近人眼视觉观察的高反差画面亮暗质感，体会到了通过光影作画、造型、而体现出的演播室照明师的审美追求。

4K 或不久 8K 超高清技术，给演播室照明带来了全新的视觉体验：照明反差控制越来越接近人眼的视觉接纳和感受程度；光色越来越接近物体自然光状态下的色纯度和饱和度；画面物体表面"纤维毕现"超微超清的质感等。技术带来的可能与进步，逼真的光色、超宽的光比、可触摸的质感，给演播室照明创作提供了全新的、可施展的视觉手段和可再造的视觉空间。

★ 本章思考与练习题 ★

1. 电视演播室照明的基本方式与特点是什么？
2. 电视演播室的布光设计要求是什么？
3. 简述电视演播室照明的程序。
4. 技术革新对电视演播室照明的影响是什么？

第十章　电视照明工作者的素养构成

★ 本章内容提要 ★

电视照明工作者应具备的基本素质。

电视照明工作者在创作中要注意培养审美意识，要不断地从相邻艺术和生活中汲取营养，要逐渐养成勤于观察、善于观察的习惯，要不断地学习、积累。

电视照明工作者的职业能力。

如何培养电视照明工作者的画面洞察力（画面感知力）。

"电视艺术是光的艺术""光是电视艺术的灵魂"，这种说法并不过分。对于从事电视照明艺术创作的人员来讲，光就是他们须臾不可分离的工具。有了光，就可以照亮周围，照亮物体；没有光，就没有色彩，周围将是一片黑暗，电视也就失去了存在的可能，这是众所周知的基本道理。但有了光并不等于就有了电视艺术，这也是一个浅显的道理，原因就在于光只是一个工具。"一切艺术都是以人的参与为基础的。"① 艺术创作离不开人的思想、人的情感、人的参与和人的审美意识，人是一切艺术创作的主导因素。

既然如此，提高人的素质与修养，培养人的审美情操与意识，不断地从相邻的艺术中和生活中汲取营养，并逐渐养成勤于观察、善于观察的习惯，不断地在观察中有目的地丰富自己，就是搞好电视照明创作、培养人的审美意识的关键，也是照明工作者智能构成的内容。

第一节　电视照明工作者的审美意识

"审美意识"是指人感知、领会或对客观物质世界的某些事物、形式、艺术的美的反应、追求、感觉或思维。电视照明创作者的审美意识，是指电视照明

---

① 安德烈·巴赞：《电影是什么？》，电影出版社，1987，第11页。

创作者对某一艺术形式、光线气氛、物体造型的美的一种反应、追求、感觉。这种审美意识贯穿在电视照明艺术创作的全过程中。

审美意识人皆有之，但审美方法、形式，对审美对象的理解、能动的发现、评价却大不一样，甚至有天壤之别。审美意识就是"美感"，即"对美的感觉或体会"。若笼统地谈"感觉"，恐怕每个人都会知道，感觉是来自人的感觉器官，如皮肤、眼睛、耳朵对周围客观事物的反应，这种感觉实际上是一种最简单的心理过程。如提到秋天，人们马上会联想到秋高气爽，一片金黄色；提到春天，人们又能马上想到春光明媚，一片嫩绿色等。但这种感觉从某种意义上讲也是人的一种复杂心理过程，如果对一部电视剧、一部电影、一幅成功的油画、一篇文学作品加以评论与评价时，这种感觉就不那么简单了。可以说"感觉"是对"意识"的综合概括，"意识"是"感觉"的一部分。无论是"感觉"还是"意识"，都来自人的整个社会活动，即社会实践、社会认识和每个人的文化层次、艺术修养、文学素质等各个方面。

一、审美意识与修养

电视照明创作是电视艺术创作的一个组成部分，它用光线与照明给人一种对审美对象，即被摄体、场景等在视觉上的直观感受，虽然使用的是灯具及光线，描绘塑造的是人或物，但注重的却是光与影、明与暗、色彩的冷与暖、气氛的浓与淡、光线角度的高与低等，这些是电视照明工作者的最基本的审美素质，这些基本审美素质同照明人员的艺术修养密切相关。

电视照明艺术要向其他艺术借鉴的东西很多，它不是一门孤立的艺术。除了要熟练地掌握电视照明的理论、规律和特点，丰富自己的艺术"功底"外，还必须借鉴、研究和探讨其他艺术的表现形式、创作方法和美学特征，并从中悟出其他艺术与电视照明艺术在创作构思上、形式上的内在与外在的联系，把其他艺术的精髓消化吸收到自己的"体内"，从而丰富自己所从事的这门艺术的表现力和创造力。如文学艺术，它是多种艺术的"基础"。文学对电视照明艺术的构思、布光设计、造型、气氛烘托等方面有着很大影响。文学的主要表述手段是语言文字，在当今文明社会中，语言文字是用来表达思想、交流感情的重要工具，语言的巧妙组合运用，可以创造出许多感人的、栩栩如生的艺术形象。文学艺术长于描写人在思想感情方面的复杂而细微的变化，在时空上可自由往来穿梭，在艺术表现上具有较大的灵活性。电视照明艺术的创作，同文学关系比较密切，如电视剧、小品、电视报告文学、新闻纪录片、电视专题片等，在现场实际创作之前，首先要有文学剧本（脚本），它是电视艺术创作的蓝图，是一片之"本"，是一剧之"本"。对电视照明的基调把握、气氛烘托、场景描绘、人物刻画等，在文学脚本中都有相应的要求。对电视照明人员来讲，照明创作成功与否与文学关联甚密。文学是培养、训练、加强照明工作人员审美意识的主要"教材"，它可以给我们以启迪、灵感和营养。甚至电视照明艺术的表现个性、形式、方法、"流派"都可在文学里找到"痕迹"。加强电视照明人员的文学基础，提高他们的文学水平，也就意味着从根本上提高了电视照明人员的基本素质和审美意识。

除文学艺术之外，电视照明艺术还应从电影艺术、绘画艺术、摄影艺术、音乐艺术那里获取有益的知识和营养。"如果一个人的艺术鉴别力不够敏锐，那么当他画一幅画或塑造一座雕像时，就不可能在他作品的不同部分中用不同的造型风格来处理。"[1] 电视照明创作同其他艺术相比较，还有一个特点，那就是在进行艺术创作之前，创作者必须掌握照明技术方面的知识，这是保证和进行艺术创作的前提，也是其业务素质与修养的基本内容。技术与艺术两者要相辅相成，也就是说，艺术的创作离不开技术作保证，技术的掌握是为了更好地实施艺术的创作手段。技术方面的内容包括电工学、几何光学、调光技术、光源、灯具、量光测光、曝光控制与影调调节、色彩学以及电子计算机、数字技术等。

二、观察与积累

对客观世界的观察是视觉艺术汲取营养的一种方式。对于电视照明人员来讲，观察就是一种学习，观察就是一种积累，观察就是对客观世界的一种"选择"与"提炼"。同时，观察也是对审美意识的一种培养。

电视照明艺术的创作源泉是生活，生活是这门艺术创作的依据。车尔尼雪夫斯基说："再现生活是艺术的一般性格特点，是它的本质。"[2] 电视照明要塑造表现的一切物体，再现的一切气氛，都来自现实生活。由于这种创作是处于面对被摄对象进行的，因而注意对生活的直接观察、选择、提炼就显得尤为重要。法国雕塑家罗丹曾说："所谓大师，就是这样的人：他们用自己的眼睛去看别人见过的东西，在别人司空见惯的东西上能够发现出美来。"[3] "你应力求使灯光令人信服并且尽可能自然，从而使你所拍摄的布景看上去像真的一样。实际上，最好你在白天或者晚上出去走动走动，注意观察你周围的光线情况，看看这种或那种景物如何在自然条件下出现，把这些印象记下来，以便在你需要的时候能用灯光重现这种效果。"[4] 电视照明人员应具备独特的观察能力、感受能力和

---

① 格·巴·查希里扬：《银幕的造型世界》，1983，第 136 页。
② 《生活与美学》，人民文学出版社，1957，第 109 页。
③ 罗丹口述：《罗丹艺术论》，沈琪译，人民美术出版社，1978，第 5 页。
④ 阿·阿瑟·英格兰德、保罗·佩佐尔德：《电视影片的摄制》，张园译，中国电影出版社，1987，第 133 页。

审美能力，而这些能力是在不断地对生活的认识、观察、理解中逐渐培养起来的。

画家的审美素质主要体现在画家对色彩、线条、形体的美的观察方面；雕塑家的审美素质体现在对物体体积的感受方面；音乐家的审美素质主要体现在对生活中各种音乐、节奏变化的研究方面；而电视照明艺术工作者，十分注重观察生活中不同时刻的物体表面的光影变化、不同时间的气氛变化、光线的变化带来的色彩变化等，还比较注意观察常人注意不到的光线在宏观与微观上的美妙变化及出现的各种各样的效果，不断地增加和丰富自己的审美感受。"表达的简陋贫乏有时会使良好的艺术意图化为乌有"，[①] "艺术功底"的浅薄、艺术修养的不足、生活实践的缺乏，一定不会有最基本的艺术创作。

三、审美意识与创作

审美意识贯穿在电视照明艺术创作的整个过程之中。没有审美意识的存在，也就不可能有创作。对生活的长期观察，实际上是审美意识活动的一种积累，创作本身是对美的一种有感而发。

电视照明工作者的创作首先体现在对文学剧本的最初理解、鉴赏方面。剧本是剧作者对客观实际的"有感而发"，也是剧作者对客观审美对象的审美意识的体现。剧本内容的优劣成败，对依据剧本进行电视创作的每个创作部门来讲都是至关重要的。实际上，剧本对电视照明工作者来讲变成了客观审美对象，剧本中对场景、季节、气氛、人物、时间、情节等的交代描述，给照明创作者提供了审美素材，这些素材能不能吸引人，能不能激动人心，能不能有激发人们进行再创造的欲望，能不能与照明人员的创作激情一"碰"即合，与照明人员的审美素质和剧作者的审美意识有很大关系。照明工作者对客观审美对象的要求有时是苛刻的，并带有主观意识与一定的倾向性。

接下来是对场景的选择。剧本提供的环境与剧中人物所在的场景，有时同照明人员的审美感受相吻合，便引发了照明人员对生活中客观审美对象的回忆、联想，这种"回忆"、联想有助于对剧本的再创作，有助于变文学的描写为真实的视觉形象。场景的选择是各个创作部门主要考虑的问题，因为导演要在场景中进行场面安排调度，摄像要熟悉场景并进行画面造型，美工要进行场景的再创造与色彩的处理，而照明要通过场景表达时间气氛以及场景和人物的光线描绘等，场景的选择是审美活动的一个方面。场景的状况、空间的大小、人工置景还是实景、可利用的光线来源等都可直接触发创作者的艺术情感、对美的某种感受。如场景是坐落在秃山荒岭下的一间茅草屋，会使人感受到浓郁的乡土

---

① 格·巴·查希里扬：《银幕的造型世界》，1983，第220页。

气息和纯朴、真实自然的美感；如场景是一间古色古香的房屋，会给人一种古朴、典雅的美感等。

在照明工作者制订布光方案、进行布光设计时，创作者自己的审美感受、思想就一同融入其中了。布光方案的制订过程实际上是一次审美活动过程。在每部片子的拍摄过程中，照明工作者有很大的创作主动权和创作余地。在准确把握剧本和导演意图的基础上，可以充分地利用照明特有的造型手法进行场景及形象的再创作。比如整个片子的基调设计、光线色彩的把握、特定光线照明效果的再现等，都可在实施布光的光影变化中、色彩的处理中、灯光组合照明中，体现对美的一种追求，让观众体味到照明工作者的创作思维，触摸到照明工作者的创作脉搏，感受到照明工作者用光的"美感"。

第二节　电视照明工作者的职业能力

社会人的一般能力通常指完成一件事情或一项任务所体现出来的综合素质，或社会人常态下所具备的生存生活基本素质，它包括了感知观察力、注意力、记忆力、想象力、思维能力等。对于电视照明工作者的职业能力，是指社会人的一般能力的基础上，要具备的特殊能力，通常指五个方面：信念与责任担当能力、协调与团队合作能力、技术与艺术综合能力、照明与综艺创作能力、专业与视觉表达能力。

一、信念与责任担当能力

信念是对事物或对未来事物发展的看法、判断和认定，通常指对实现目标的一种执着的观念和信心。责任担当是电视媒体人的精神与道德世界的本质与追求。新时代电视工作者的核心理念，应该是具有执着的信念、责任追求和电视媒体人优秀的政治素养。电视照明工作者从事的是视觉艺术创作，铸造和传扬的是社会主义核心价值观，生产的是社会主义精神文明产品，所以要具备马克思主义的世界观和方法论，通过制作电视艺术精品，才能做好党与人民群众联系沟通的纽带和桥梁。

电视照明工作者用灯具、用灯光照明的是摄影机前面的或人物或景物，但他们的本质要求是在塑造真正有血有肉有追求的、有品位，能够引导社会前行的精神产品。电视照明专业工作者，是一批有理想、有职业高尚道德情操、有担当、有责任感、有追求、有高超技艺的个体和群体。

二、协调与团队合作能力

电视照明是电视节目创作链条上的一个承上启下的重要环节，前期的电视剧剧本或一般节目的前期文案、导演的阐述、导演的分镜头、摄影的镜头处理、演员的表演等，每个环节都需要了解、交流、沟通和协调，实际进入照明创作仅仅是一个简短的执行时段，大量的创作时间用在了这个创作时段前端，可以说，沟通和协调是创作的一部分，大量的时间用在了与导演、演员、摄影研磨光线叙事、光线造型、光影处理上了，没有前端的时间投入，没有前端的沟通和协调，就没有电视照明创作。

良好的沟通和协调，需要电视照明人员做足"功课"：第一，对剧本的透彻理解和自我见解；第二，领会导演的创作意图同时，要阐明、阐述照明二度创作的想法，以此充分发挥照明在视觉表达、视觉创造上的独特作用；第三，与演员的协调，能找到最佳的位置、最佳的运动路线、光线的最佳组合以及表演与光线造型的最佳配合；第四，摄影和照明良好协调，是视觉艺术创作的重中之重，两者在视觉造型手段、技巧、方法上，应该是相近相通的，良好的协调配合，能运用最佳的镜头视角、构图、景别、透视、色彩、人工光和自然光组合，完成导演思想立意的传达、舞美场景的塑造、演员表演的创造。

这种沟通与协调，是以电视创作的开展为载体，除此而外，沟通与协调有它的基本方式和技巧。比如要有有效率的人际沟通、人际交往，要有沟通亲和力，要有人格魅力和服众能力。要有社会学、交际学基础。

如果说沟通与协调是个体的能力要求，那么个体与他赖以生存的团队关系是密不可分的。电视综合艺术创作是离不开团队的作用，没有团队就没有电视创作。电视创作团队要有不可或缺的向心力、凝聚力。团队中每个人都有自己的细致分工，担负着不同专业要求的创作任务。团队的工作目标是创作出社会发展所需的大众精神产品，在这些精神产品中有感人的中国故事，有生动自然的自然景观，有可歌可泣的身边人物，他们都彰显着精神的力量和美感。但艺术产品创作需要团队每一位电视工作者智慧和情感的投入，以及他们对事物、社会的认知。这种智慧、情感、认知是有差异性的，如同认知"美"理解"美"表达"美"创造"美"，团队每一个人的观念观点不尽相同，甚至有较大差异。但团队中大家的创作目标一致，信念一致，精神追求一致，这种创作想法的差异、认同的差异、专业的个性差异，是团队每次创作都会遇到的普遍问题，这个时候沟通和协调就显得尤为重要。艺术创作就是在这样的沟通与协调情境下展开的，沟通与协调的过程，就是不同专业间的融通过程，就是创作的过程，就是彼此相长的过程。

三、技术与艺术综合能力

世界知识产权组织在 1977 年版的《供发展中国家使用的许可证贸易手册》中，给技术下的定义："技术是制造一种产品的系统知识，所采用的一种工艺或提供的一项服务……"我们通常把技术与艺术截然分开了，甚至一些研究更是把技术与艺术分为两个序列，这种理解和分析是不全面的。当今时代，技术与艺术你中有我，我中有你，两者交叉前行。所以，电视照明专业工作者的能力要求中，要特别强调艺术创作对创作者的要求越来越高，单一的掌握所谓的技术或单一的掌握所谓的艺术，都不符合新时期对电视照明专业工作者综合素质的要求。

技术是强有力的艺术创作手段提供者，比如，第九章《演播室照明》第三节"4k 视域下的演播室照明"中，技术带来了全新画质效果，其中提到的五个量化指标：高分辨率（HR）就是目前技术支持能够达到的画面超高画质程度、量化深度（BD）就是画面由亮部到暗部呈现的超高过度层次、高帧率（HFR）就是定格后那一帧画面有较好的清晰、平顺度、宽色域（WCG）就是画面中颜色种类细密而丰富、高动态（HDR）就是指画面中高亮度和低暗部之间的跨度。技术发展坐标系左右着艺术创作的可能性、支持度，反过来艺术创作者的智慧、呈现的艺术创作手段、创造美的想象也会推动技术的进步，两者有较强的互动性。

电视照明艺术是一门高科技含量很高的综合艺术，随着时代的进步，技术和艺术并驾齐驱。任何不重视技术，不接受技术进步带来的观念、意识更新变化，都会带来电视照明创作的低层次的徘徊，难有作为，难有创新。所以，电视照明创作者技术与艺术的综合能力通常体现是：有对电视摄影摄像新技术、照明新灯具、新光源等好奇心，能接受并有研究兴趣；有对影视技术史、影视技术美学等了解并加以运用；有对电视摄影摄像拍摄原理、技巧、构图、造型、运动等摄制艺术有广泛兴趣，能以此与电视照明创作紧密结合，与画面光线造型紧密结合；有对艺术发展历史、艺术创作规律、艺术心理学、艺术美学等有广泛涉猎。这些就是电视照明工作者的技术与艺术的基本能力要求。

除此而外，对数字灯光技术、数字色彩学、数字特技、数字计算机后期植入技术、调色技术等，这些新技术带来的创作手段的更新与改变等要了解、掌握和研究，倒推这些新技术与照明创作的关联，以此形成良好的依托、互动关系。照明与前期概念设计、现场效果总监、导演、导播、后期合成等部门要有密切合作，它们同样是照明创作不可或缺的画面效果保障的一部分。

四、照明与综艺创作能力

照明是影视综合艺术创作的一个环节，在综合艺术创作链条中它是不可或缺的一个工种部门，它的创作不能独立进行，它与其他部门是环扣关系。

照明是一门独立的艺术。它用光作为一种手段，去描绘景物和人物。有了光就有了影像，就有了色彩，就有了光的符号语言、修辞方法、修辞逻辑。光用在影视创作中，使它有了特定的属性和使用原则，这样就有了光的叙事与情感表达，就形成了照明创作的规律和特点。

照明专业工作者在影视综合艺术创作链条中，首先要自我准确定位，做好一个核心、三个衔接，以此体现照明专业工作者综合艺术创作能力。一个核心即照明的本质工作，运用照明的技术和艺术手段完成剧本和导演艺术创作的总体要求；三个衔接之一，与导演就具体创作意图、阐述、追求对接，找到创作的由头和依据；衔接二，即与美工设计的对接，美工呈现的场景、人物设计，为照明的光线造型提供了具体视觉对象，两者的专业创作衔接，奠定了视觉表达的基础；衔接三，即与摄影（摄像）的对接，照明和摄影不分家，更多指的是摄影创作和照明创作都属于画面影像创作，很难截然分开，高质量的画面效果离不开光线的描绘创造，离不开画面的构图、角度、景别和色彩处理等。

照明工作者能够做到一个核心三个衔接，体现了综艺创作的特点和能力，没有跟周遭链条上各工种的艺术创作观念、追求、审美上的开放交流能力，就不会有照明的艺术创造，就不会有艺术上的创新，就不会有照明自己的美学性格与追求。

五、照明与视觉表达能力

熟练的运用照明专业手段完成影视剧或电视演播室照明设计，这是电视照明工作者本质工作的基本要求，达到这样的要求或能力，需要具备扎实的艺术学功底，交叉学科的知识和视觉表达、视觉艺术创作的实践与积累。

艺术学功底指的是博览、通晓和侧重研究影视艺术相邻的艺术，比如文学、美术、戏剧、音乐、设计学等不同艺术的构成、性质、方法、作用和目的，研究这些艺术与影视艺术、照明艺术的关系、关联、共性和个性特点等，用以学习和借鉴，这是照明艺术成长发展的不竭源泉和动力。

电视照明属于戏剧影视学学科，这个学科内涉及了电影学，广播电视艺术学、广播电视编导、戏剧影视导演、戏剧影视文学、视觉传达设计、动画、数字媒体艺术等，相邻交叉学科包括艺术心理学、计算机图形学、新媒体技术与艺术、计算机辅助设计和光学等。涉猎和补充交叉学科的知识，可以在照明艺术创作上获得意想不到的帮助和营养。目前，大量实践证明，新的学科理论、新的突破性的发明、新的技术通常是出现在学科交叉点或学科边缘上，艺术的创新也切合了这个规律，体现了不同学科之间的相互交叉和渗透。面向影视照明实践，每年的央视和省级卫视的大型春节晚会、跨年晚会、运动会开幕式晚会、节庆大型庆祝晚会等，它们代表了一个时期较高的技术与艺术结合的创新节目制作水平，出现了影像数字技术与艺术结合、学科交叉碰撞与融合出现的令人耳目一新需要研究的创新成果，如灯光与 4K 高分辨率、宽色域、高色深、高帧率和高动态范围画面质感，LED 大屏映像美学特征、LED 光色舞台+画面计算机效果植入、LED 视觉空间的灯光设计、铂金系列光源使用、舞美和灯光真实空间与虚拟空间的关系、冰屏与灯光全新空间、晚会光影屏流动效果绘制研究等。

现代语境下视觉表达是一个全新的认知世界，是一个表达情感、意图和想法的通道。作为电视照明工作者具备了以上艺术的基本功底和交叉边缘学科知识，也就具备了这种视觉表达的基础。

除了具备以上五个方面的能力，还要从工作性质出发，注意抓好细化管理。每接受和进入一次创作任务，就需要根据剧本（台本）、场地环境和创作具体要求，进入一次细化管理程序：一是合理的规划时间，安排进度，加强时间规划能力。二是工作成员之间的沟通，培养小团队良好的工作氛围。三是增强执行力和服从、服务意识。四是增强组织管理能力。统筹、协调、安排好灯光设计和创作以外的辅助性工作，凸显细节管理和效益。五是任务结束后的个人复盘和团队复盘，总结经验，查找问题，促进团队和成员阶梯型进步与提高。

第三节　电视照明工作者的画面洞察力

电视艺术是融合视与听、时与空、技术与艺术以及融合电视之前所有艺术门类的一门综合艺术，而在众多电视构成元素中，毋庸置疑影像抑或画面是其中最为重要的表意叙事手段。长期以来，在电视节目的创作过程中，摄影和照明一直相辅相成、彼此合作，各自承担着画面造型的半壁河山。这也就决定了作为一名电视照明师除了要具备前文所述审美意识、职业能力等诸多素养之外，更重要的是还要具备对画面的"觉察力"，亦可表述为"洞察力"。审美意识和职业能力是培养照明师画面洞察力的前提和基础，画面洞察力则是在两者基础之上衍生出来的更高一级的电视照明师素养。

洞察一词在百度百科中有两种解释：一是指看穿，观察得很透彻；二是指发现事物内在的内容、意义、规律或本质。将"洞察"一词借用到"画面洞察力"中则具有了更多层的含义，其一是指照明师对画面的观察与体悟细致入微的程度；其二是指照明师深入掌握了用画面来叙事、表意以及情绪情感表达的内在规律；最后则是对照明师最高层次的要求，是指照明师对画面与视觉的想象力和创造力。也就是说一名合格的照明师应该能够帮助编导和摄像师建构起电视荧屏上所呈现出的图像，应该具有创造力和创新力的视觉意识、视觉思维和视觉想象。

一个优秀的电视照明师在创作过程中绝不仅仅只是完成编导或节目的意图，简单完成基本照明工作，也不是简单地对摄影师或摄像师工作的辅助，而是将编导或节目的视觉需要创造性地呈现在电视荧屏上。为此，照明师必须充分了解编导的想法，节目的形式风格和主题以及每一个职能部门合作者的专业诉求。一个优秀的电视节目，一定是编导、摄像、照明、美术等众多部门团结协作合力的结果。而在这些关系中，对照明师来说，与摄影师或摄像师的合作应该提到最重要的位置，并且两个职位应该对彼此领域相关知识、技巧和方法等有足够的了解和认识，这样才能保证两者的融洽合作与艺术创造力。但是在实际工作中往往会发现，很多照明师对摄影、摄像的知识了解很少，特别是针对一些能够对最终的画面创作起着重要影响的基本的摄影技术和理论。

下面就从以下三个方面来重点阐述摄像造型手段与画面洞察力之关系。

一、拍摄角度与照明

法国的马塞尔·马尔丹说："电影作为艺术开始出现，是从导演们想到在同一场景中挪动摄影机开始的。"这里的"挪动"摄影机其实就是指拍摄角度的变化。不管是电影也好，电视也罢，其实都是在使用画面来书写，而拍摄角度的变化则让这种影视书写的笔触更加丰富与多元。

"角度"一词本身并不难理解，简单来说就是指摄像机拍摄时镜头的角度或位置，也就是拍摄时的视点，直接决定着观众以什么样的视角来观看节目。角度在电视节目制作中基本上是任意设置，特别是在已发展到一定阶段的比较成熟的现代摄像技术条件下，对摄像机来说没有太多可以限制的因素。一般可以将其分为水平坐标和垂直坐标两个维度。此外，角度的变化对电视节目制作来说，还意味着构图、透视、编导语言、人物关系和造型以及影像风格等方面的变化，可以说角度是一个综合体。这些变化都和照明工作有着千丝万缕的联系。比如角度的改变必然会带来背景、环境、范围和构图等变化，那就要求照明师必须对各个角度摄像机视域范围内进行综合、全面考量。

1. 水平坐标维度的变化

拍摄角度在水平坐标维度可以分为正面角度、侧面角度、背面角度三个类型，其中侧面角度又可分为正侧面角度和斜侧面角度。

正面角度

正面角度是指摄像机在被摄主体正前方使镜头光轴正对被摄主体进行拍摄的一种方式，被摄主体可以是人也可以是物，甚至还可以是一个场景。

正面角度拍摄比较容易表现被摄对象正面的完整信息和特征，一般会呈现出平衡、稳定、庄重或严肃的视觉效果，主要是因为这一角度拍摄时画面中一般会以水平线条、对称式或者三角形线型为主导，比如拍摄以景物为主的画面，会带着观众视线在画面中做水平方向的移动，所以比较容易给观众呈现出一种稳定的心理感受。在拍摄以人物为主的画面时，正面角度能够全面表现脸部特征以及神情状态，并且还能够给观众带来一种面对面的交流感和代入感，容易让观众产生感同身受的心理。

正面角度不管是拍摄人物还是场景，造型优势是相通的，但缺点也是相似的。都会带来如纵深透视感、立体感以及空间感弱，构图趋于静态而缺乏动感等问题，所以采用这一角度拍摄时，照明工作应该重点在加强场景或人物空间感和立体感以及利用光影增加动感上下功夫。

侧面角度

侧面角度可以分为正侧面和斜侧两种视角。

正侧面角度是指摄像机镜头光轴在与被摄主体正面呈直角关系的方位上进行拍摄。这一视角的拍摄善于表现被摄体的轮廓线以及运动时富有特征的姿势状态。通常运动的物体在运动中最富有变化和美感的就是侧面角度所呈现的线条，也是最能反映运动姿态和特点的角度。比如在拍摄体育项目时、追逐或者谈话场景时，往往采用侧面角度拍摄。在电视节目制作也常常结合照明，拍摄一些极具线条造型美感的以轮廓造型为主的画面。唯一美中不足的就是这一角度和正面角度都弱于表现立体感，所以一般不会长时间使用正侧面角度。

斜侧面角度是指摄像机在被摄对象正面、背面和正侧之外其他任意水平维度上所进行的拍摄。

斜侧面角度拍摄具有将正面角度拍摄时的横线条为斜线条的功能，能极大加强空间和形体的透视感和立体感。和正面和正侧相比，斜侧面角度拍摄是能够兼容正面和正侧面角度两者优势的一个角度，既能表现人物或场景形态特征，又能够表现出一定的轮廓和线条。所以不管是拍摄人物还是拍摄场景抑或空镜，构图都要更加生动活泼和富有变化。

此外，斜侧面角度拍摄还能够利用其透视优势使场景中人物关系主次更加分明，造型更加有的放矢。在电视节目制作中，往往利用这一角度达到突出主要人物或者加强场景空间感或透视感的造型目的，比如"过肩"拍摄，就是利用斜侧角度的主次位置关系来突出主体，兼交代关系，还有拍摄单人采访时往往经常采用斜侧角度，因为这一角度既能让被采访对象比较生动形象，同时人物立体感又比较强。

背面角度

背面角度是指摄像机处在被摄体背面也就是正后方进行的一种拍摄视角。

背面角度拍摄由于所拍摄画面与被摄对象视线一致，也就是说最终观众的视角和被摄主体是保持合一的，让观众会更容易产生身临其境的感觉，代入效果会比较强。新闻节目常常将这一角度和运动镜头的跟镜头结合，能够给观众带来非常强烈的参与感和纪实感。

世界上绝大多数事物的属性特征信息都集中在事物的正面，背面角度拍摄由于看不到事物的具体完整信息，也就是说背面角度拍摄观众信息获取是不完整的，在"格式塔"心理作用下，常常会给观众带来悬念和神秘感，这也是影视节目制作中常用这一角度的经典用法。

此外，拍摄有人物场景时，背面角度一般是利用人物背影姿态来传情写意，相对来说会更加含蓄和委婉，结合特定的构图样式往往还会带来一种特殊的诗意效果。但这也是比较容易被忽视的一个角度。

2. 垂直坐标维度的变化

拍摄角度在垂直坐标维度的变化就是我们通常所说的拍摄高度，也就是摄像机和被摄主体位置在垂直维度的关系。一般分为三种变化：平角度、俯角度、仰角度。

平角度拍摄

平角度拍摄是指摄像机镜头与被摄对象处在同一水平维度上的拍摄。由于效果类似于人们日常生活中的平视效果，对被摄主体的拍摄不偏不倚，稳固、安宁，所以会给观众带来一种平等、公正、客观的效果，比较容易产生心理上的亲切感，是新闻节目或纪录片中经常采用的角度，也是电影电视剧以及舞台综艺节目较为常用的角度。有时候也会和正面角度结合拍摄人物直视镜头画面，能够拉近观众与被摄体的心理距离，推动观众和画面中人物直接面对面的交流，给观众身临其境之感。

平角度拍摄会使地平线和上下边框平行，呈现水平、静态效果，但同时地平线也会平分画面，会让地平线成为画内景物的"晾衣绳"，视觉效果容易单调呆板，更多情况下，要避免地平线分割画面。采用对称式构图拍摄水面、镜面反光类物体时除外。

平角度拍摄不太适合表现较大空间和景物复杂的场景，因为平角度会使纵深前后景物重叠在一起，难以分出层次，也难以表现出场景的复杂或宏大的特质，所以虽然平角度拍摄是人们一种平常的视觉关系，但是这也恰恰是其缺点，造型比较难形成视觉冲击力和吸引力，所以除非是出于追求画面平稳或平等稳定的视觉风格，一般不会单独大量使用。

俯角度拍摄

俯角度拍摄是指摄像机高于被摄主体水平线从高往低自上而下的一种拍摄角度。

俯角度由于自上而下的视觉关系，能够使地平面上的景物平铺开来充分延展和表现，且能够展现场景空间全貌，带来较强的空间感和纵深感，因此常用来表现大场面环境特征，展现景物空间层次、规模数量分布对比及地理位置等。

俯角度可以结合广角镜头使用，能够最大化地使地面垂直景物线条充分延展，加强地面垂直景物的透视感，形成纵向空间深度。

在一些大型电视节目制作中采用俯角度拍摄时，常常会和照明师、美术师联合，利用大的色块、线条、光影，甚至是大批量的演员和观众分布等多种元素来完成对俯角度拍摄视觉风格、情绪或造型的美感追求。在照明设计上，逆光或侧逆光较容易表达层次、数量、规模、线条和现场的气氛。

但是美中不足的是俯角度拍摄不利于表现人物神情或人物间的情绪交流，且在表现人物个体时，由于会把被摄体拍得比较矮小，所以情感上会隐含蔑视的意味，常常用来表现反面人物或受压抑和排挤的角色。

仰角度拍摄

仰角度拍摄是指摄像机低于被摄主体自下而上从低往高的一种拍摄角度。

仰角度拍摄由于自下而上拍摄，能够使处于前景的景物变得高大，而远处的景物下移甚至是移除画框下边缘而让背景变为干净、简洁的天空，所以仰角度镜头可以用来突出主体和净化背景。

仰角度也可以结合广角镜头把垂直、高大的景物线条从下往上延伸，使其拍摄的更加挺拔，更加高大，更加具有透视感。也正是由于这种造型效果，仰角度拍摄常用来表现赞扬、敬佩和骄傲的情感态度，具有褒义的特征。但使用广角镜头时要注意变形，控制在可接受范围内。

此外使用仰角度拍摄跳跃、飞翔等动作时，能够把动作表现得更高和更加轻盈，具有较强的视觉冲击力。使用仰角度拍摄人物时要注意对人物造型的变胖和丑化，特别是使用广角镜头仰角度拍摄，这种效果会更加明显，所以不能随意使用，一定要带有明确的目的性。

总之，角度是摄影摄像中一个重要的造型元素，对视觉效果具有重要意义。角度的具体使用也绝不仅仅限于以上所述，比如可将水平和垂直两个维度的角度结合使用，会带来很多不同的造型效果。对照明工作者来说，必须清楚了解这些基本的角度相关造型知识，也只有这样，照明师在实际电视节目制作中进行光线设计时才能统筹兼顾，充分考虑所有机位、所有视角下的画面效果，使每一个视点都能创造性地达到节目的视觉效果与追求。

二、景别与镜头容量范围的变化

景别是摄影、摄像中表示镜头拍摄范围的一个概念，通常是通过改变拍摄距离或焦距从而使画框所截取被摄主体范围的大小不同来进行划分，有三分法、五分法和九分法，但是通常最常见的是五分法，也就是将景别按照容量范围大小的变化分成五种形式，分别是远景、全景、中景、近景和特写。

远景

远景是指电视画面中视野最广、范围最大的一种景别，一般适合用来拍摄宽广的环境、场面或大范围人群活动复杂场景内容，以表现规模、气势、力量、意境或情感等为主要造型目的，正所谓"远取其势"。远景景别如果有人，在主导性方面人物往往居于画面景物的次要地位，占画面比例较小，人物往往只是画面的点缀或支点，用以营造或静谧、或空灵等意境，还可以用来传达主体人物的特殊情绪和情感。

相比较其他景别，远景对景物实写，对人物虚写，叙事性较弱，所以在电视节目制作中不会频繁使用，大多用在节目开始或者一个新的段落开始前，用以介绍环境、渲染气氛、表现场景位置、规模等信息。

远景景别的照明工作对照明师是一个挑战，要求照明师要树立"全局整体观"，设计光线以场景环境整体全貌为关照重点，要能够兼顾画框内所有信息，既要满足用光影营造节目追求的整体气氛情感需要，又要带着"画面洞察力"的敏感意识满足摄像构图骨架、线条以及色彩等的造型需要。

全景

全景是比远景范围略小一些的景别，一般用以表现被摄人物全身完整形象或特定场景全貌。在人物全景中，人物的主导性、重要性程度比远景都要强，人物交流和动作对观众的视觉牵引以及影响也会得到加强。

全景主要是用于表达特定环境中的特定人物，重在表现特定环境和特定人物的关系。按照面积比重两者是处于一种平等兼容的位置，但是由于人物的动态性，人物往往会成为观众的视觉中心，导演也常常会通过主体人物的形体动作来表现内心情感心理状态。

全景由于是容纳信息元素较多的一个景别，故此常常作为一个场景中的总角度镜头来使用，以制约和限制这一场景中的其他镜头。在进行光线设计时，要以"兼容"为原则，能够兼顾环境和主体，并略向主体侧重，因为在全景中，人物应该成为构图和内容的中心。

中景

中景一般以表现成年人膝盖以上部分或特定场景局部的一种景别，叙事性较强，在电视节目景别中是使用比例较高和比较常见的一种景别。

中景景别以人物上半身形体动作和人物关系为表现重点，相比较全景人物主导性更强，背景环境重要性减弱。

中景景别是五种景别的中间景别，也是一种过渡性景别，常常作为两极景别的中间过渡使用。和其他景别相比，既没有全景、远景对环境的突出强化，也没有近景、特写景别对人物形象的重点表现，这也意味着中景景别造型指向性和强迫性不足，是所有景别中最乏味的景别。所以在拍摄中景时，必须充分调动和抓取最富有特征和表现力的人物动作、姿势、人物位置关系或交流，甚至把构图和光线等综合因素都考虑其中，让中景生动活泼起来，避免单调乏味。

近景

近景是指拍摄成年人胸部以上或物体局部的画面，画面容量范围进一步缩小，环境和背景更加弱化，趋于陪衬或点缀的地位，但叙事和表意却进一步集中和突出。

近景重点用来表现人物的细微面部神态或表情，进而表现人物内心状态，近似于文学作品中的肖像描写，是刻画人物的主要镜头，又或者用来表现物体细节和质感，所以有"近取其神"或"近取其质"的说法。近景会拉近观众和画内人物的距离，比较容易产生交流感，这是拍摄中最常使用的景别。

拍摄近景由于人物的突出，人物眼神会成为特别重要的元素，所以布光时特别注意眼神光的处理。此外，近景虽然背景面积和作用已非常弱，但是依然要注意背景的简洁、干净，避免杂乱元素喧宾夺主，当然也可以利用一些典型背景元素来帮助完成人物刻画的任务。

特写

特写是指拍摄成年人肩部以上或被摄体局部细节的景别，是将人物或物体最有特征和表现力的局部细节进一步放大到观众眼前的一种景别处理，常常具有一种穿透空间进入精神或心理领域的作用。

特写镜头由于对形象的进一步突出、放大，内容信息非常集中、明确，所以具有极强的造型指向性、渗透力和表意功能，是一种具有很强内在力量的一种景别，也是编导实现强化、暗示、张力、戏剧性、节奏调控等功能的重要手段。

特写镜头对被摄体局部的截取让观众无法看清事物完整或空间形貌，有时会使观众割裂主题和环境关系或忽略背景环境，所以经常被用作转场或越轴过度镜头来使用，也正是由于特写镜头信息表达的不完整性，所以经常被导演作为设置悬念的方法和技巧加以使用。

有人说：特写镜头在电视节目制作中就像诗歌中的"诗眼"、音乐中的"重音"、文学作品中的"惊叹号"。所以在进行照明设计时，要特别注意细节质感、色彩饱和度以及美感的表现，力求使画面富有造型表现力和渗透力。

对于导演和摄像来说，景别意味着视点、视角、节奏、指向、情感意蕴以及影像风格等方面的变化。对于观众来讲浅层体现的是物理距离和容量范围的差别，但深层体现出的却是心理距离的差异。而景别对照明工作者来讲，除了镜头容量范围变化对照明的影响外，更重要的是每一种景别的造型目的和重心不同，所以照明师需要深刻体悟各种景别的美学差异进而有所侧重地进行光线设计，此外还要加强与导演和摄影师的沟通，准确了解在不同节目中不同的导演的影像风格追求和美学意味的差异。

三、镜头运动的规律

能够使镜头形成运动的手段和方式有很多种，比如镜头内景物和人物的运动形成的内部运动，或者蒙太奇剪辑形成的运动，又或者摄像机机位、光轴等变化形成的镜头外部运动，不一而足，这里就不一一列举，下面重点阐述镜头外部运动的规律以及造型功能差异。

镜头运动是指通过调整机位、光轴或镜头焦距从而使画面框架连续变化的一种镜头形式，也称为运动镜头，一般有推镜头、拉镜头、摇镜头、移镜头、跟镜头和升降镜头集中形式。镜头的运动可以用来模拟人在生活中各种运动场景中如坐车、电梯、飞机等的视觉感受，使电视艺术更加符合现实和真实，这也是电视艺术区别于绘画、图片摄影等平面造型艺术的艺术形式。

推镜头

推镜头是指将摄像机由远推近或调整镜头焦距从而使画面框架不断接近被摄主体的一种摄法。具有视点前移、主体由小变大、背景由大变小的画面特征。

推镜头具有突出主体人物、突出关键细节、介绍整体和局部或环境与人物关系、调整画面节奏及表现特定主题意义的功能。

拍摄推镜头时要注意画面落幅和过程中焦点的处理，并始终保持主体的构图中心位置，此外还要保持推的速度与画面内情绪、节奏一致。

拉镜头

拉镜头是指摄像机由近拉远或调整镜头焦距从而使画面框架不断远离被摄主体的一种摄法。具有视点后移、主体由大变小、环境由小变大的特点。

拉镜头在被用来表现人物和环境的关系时，更为强调的是环境，具有某人在特定环境中的意味。拉镜头还可以利用起幅和落幅景物的差异形成对比、反讽或比喻等效果，有时还可以给观众带来一种悬念感。拉镜头由于其由小变大逐渐远离的视觉效果非常像"离别、退场"，所以还经常被用作场景、段落或全片的结束性镜头。如果拉镜头起幅为小景别画面空间表现得不明确，在影视剧中还可以被用来作为转场镜头。

摇镜头

摇镜头是指通过调整镜头光轴方向从而使画框和拍摄内容变化的一种摄像

方法，通常是借助三脚架云台或摄像师自身为支点进行调整，机位和焦距两个参数调整与否均可，如果两者随同光轴一起调整就会变成综合运动如拉摇、推摇或移动摇等，如果不随之调整，就是单纯摇镜头。

摇镜头也是根据现实生活中人们对于宽广范围摇头环顾的一种视觉效果，是有现实依据的。所以摇镜头经常用来展示宽广或高大的空间范围，即使是小景别也可以通过摇的过程包容更多景物信息；摇镜头可以用来交代镜头中先后出现的景物之间的特殊关系，甚至可以让这种关系根据需要呈现对比、暗喻或因果等特殊指向；摇镜头还可以用来模拟电视中人物环视的主观视线，形成主观性表达。

拍摄摇镜头一般要注意保持摇的过程平稳、匀速并与画面内部情绪氛围相符，如果打破了这种平稳、均匀，有时候也可以表达一种特殊的情感情绪，比如酒醉、崩溃、神经质等。

移镜头

移动镜头是指借助于各类辅助器材和工具使摄像机保持不断运动的一种拍摄方式，是一种能够反映现实生活中人们利用各种工具边移动、边观看的视觉效果。特征就是画面框架一直处于不断运动之中，使画内人物、景物以及构图也随之处于不断变化的状态。

移镜头用来拍摄大场面、大纵深、多景物层次的复杂场景时，能够将空间场景的复杂性真实客观地表现出来，相比较于前文讲到的推、拉、摇等镜头具有更大的灵活性和优越性。

移镜头也可以模拟人物的主观视线，让观众与画内人物视线合一，进而产生与画内人物相同或相似的视觉效果，能够带来更为强烈的身临其境的真实感和现场感。

移镜头的拍摄和设计没有一定之规，可以根据节目需要在条件允许的情况下任意设计，但由于其运动过程中的多景别、多构图特点，使拍摄和设计移镜头相比较于其他镜头具有更大的复杂性和挑战性。

跟镜头

跟镜头是指摄像机始终跟随被摄主体并随之一起运动的拍摄方式，一般可分为前跟、侧跟和背跟（后跟）三种处理。画面特征是景别不变的情况下使运动的被摄主体始终保持在画框内相对稳定的构图位置，但是环境背景却在不断变化之中。

跟镜头由于运动的被摄主体始终处在画面的构图中心，可以使被摄主体和观众保持一种相对静止的观看状态，能够让观众连续而清晰地观看运动的被摄主体。此外，还可以通过不动的主体引出不断运动变化的背景环境。

背跟镜头从主体背后跟拍，观众看到的是主体背影和不断运动的环境，观众视线和主体人物视线存在一定程度的同一性，所以能够表现出一定主观性，给观众较强烈的参与感。具有一定的纪实意义。

升降镜头

升降镜头是指借助升降工具随之上下运动进行的一种拍摄方式，是一种特殊的运动镜头，某种程度上也可以说是一种特殊的移动镜头即垂直移摄，由于其特殊的造型性和表现力，特将升降镜头单独抽出展开讲解。

升降镜头是水平移摄在垂直维度的使用，可以用来客观展示高大景物的局部特征，且不会产生上下摇摄拍摄高大景物的透视变形。

升降镜头可以在一个镜头中完成俯仰变化，可以用这一造型特征完成编导对人物感情状态的表达，比如利用初始镜头高视点画面俯角效果表达蔑视，当镜头下降，镜头慢慢成为仰角，则表现出敬仰之情。

升降镜头还经常用在一些如战争、集会等大规模、大纵深场景的拍摄中，用来展现规模、气势或氛围等，能够有效强化空间深度和广度。

镜头的运动除以上几种形式外，还有将几种运动形式融合使用的综合运动镜头，综合运动镜头具有更为复杂多变和综合的作用和表现力，相比较而言，综合运动的镜头设计和拍摄难度系数也相应增大很多，这也是编导和摄像师们长期以来竭尽全力想要取得突破和创新的内容之一。

拍摄运动镜头对（于）照明工作也是一种挑战，因为镜头运动带来画框处于不断运动和变化之中，景物和构图也在不断变化，这就要求照明工作不能停留在一个场景或一个画面的光线设计，而是要通盘考虑，统筹协调，动态变化，分区设计，情感气氛既要追求统一又要根据场景差异而有所区别。

画面洞察力是影像从业者在长期学习和实践中慢慢形成的一种视觉思维与意识，是进行艺术创作的前提和基础。具有良好的画面洞察力可以使影像创作更加富有创造力和视觉说服力。当然，以上内容既是将摄影摄像造型方法中的几个重要而且又相对基础的方面进行阐述，也是培养画面洞察力的入门基础。要培养良好的画面洞察力绝不限于以上几个方面，而是要在这些基础上更加广泛、庞杂地涉猎摄影摄像理论知识和美学知识，兼收并蓄，不断揣摩，反复训练，持之以恒，慢慢形成用视觉思维解决影视创作问题的意识和习惯，使得视觉思维的不自觉转变为自觉，由有意识转变为无意识。

★ **本章思考与练习题** ★

1. 电视照明工作者应具备什么素质？
2. 在电视照明工作创作中如何培养审美意识？
3. 电视照明工作者应具备哪些职业能力？
4. 为什么要求电视照明工作者要有画面洞察力（画面感知能力）？

第十一章　电视照明用电基本常识

★ 本章内容提要 ★

　　电学基本知识。

　　常见的配电电路。

　　常见的触电事故。

　　安全用电措施。

　　现代照明主要使用电光源。掌握电的基本知识，电的负荷能力以及安全用电，对每一个电视人都显得十分重要。电学本身是一门复杂的专业，本章针对电视照明创作工作中出现的种种用电情况进行分析与梳理，从而弥补电视照明创作者安全用电知识的不足。

第一节　电学基本知识

　　电学是物理学的分支学科之一，研究内容主要是以"电"的形成及其应用为主，可以分为电工技术和电子技术。在电视照明中的电学运用，主要围绕在电流、电压和电阻的运用进行。而电的基本知识是电视照明人员知识构成的一部分，主要掌握电的测量单位：伏特、安培、瓦特、欧姆。

一、电

　　物质都是由分子组成的，而分子则是由更小的微粒原子组成，原子又是由原子核和围绕原子核周围运动的电子组成。原子核所带的电叫"正电荷"，电子所带的电叫"负电荷"。而电荷则是正负电荷的总称。一个电子所带的电量，定义为一个单位的电荷。对于电中性物质，原子核所带的正电荷与原子核周围电子所带的负电荷数目总是相等的。由于他们所带的电量相等且符号相反，所以从总体上看他们对外都没有带电现象。如果设法使某种物质得到多余的电子或使其失去一些电子（如摩擦），那么得到多余电子的物质就带负电，失去电子的物质就带正电，这就是电的来历。

电荷的基本单位是库仑（单位用字母 C 表示）。1 库仑相当于 6.24146×10^{18} 个电子所带的电荷总量，即 6.24146×10^{18} 个电子所带的总电量就是 1 库仑。某一物体失去 6.24146×10^{18} 个电子，就带有 1 库仑的正电荷；某一物体得到 6.24146×10^{18} 个电子，其就带有 1 库仑的负电荷。[①]

一个带正电荷的物质与一个带负电荷的物质相互靠近，或用一个导电的物体把它们连接起来，根据它们同性相斥异性相吸的特性，电子就迅速地转移到带正电荷的物体上去而达到中和的目的，这就是静电放电。在这种静电放电的场合，电子的传导是瞬间的。

为了使电子持续不断地传导，从而达到应用其能量的目的，人们创造了电池和发电机——电源。因此电是指电子通过导体流过，当加上电源时电子就运动起来，从导体中流过。

二、电压（电位差）与电动势

电压指正电荷从高电位物体流向低电位物体，这两个物体的电位差称为"电压"，用字母 U 表示。以水流为例，水在河流里的流动是由于水位差的存在。同样电路中要维持导体中电荷的定向流动就必须维持导体两端的电位差。维持导体两端一定电位差（电压）的能力大小叫作电动势，用字母 E 表示。提供电动势的装置叫电源，常用的电源有干电池、蓄电池和发电机。电动势（E）和电压（U）的单位一样，都是伏特（V）。但电压是电路两点间存在的电位差，而电动势是电源内部所具有把电子从电源的一端（正极）输运到另一端（负极）建立并维持电位差的能力，即保持电场在电路中作用的能力，两者是有所区别的。

电压和电动势本身并不产生电子，其作用更像是"水泵"一样，只是迫使电子流动的动力。正如水泵并不产生水，只是迫使水流动的原动力一样。

电压可分为直流电压和交流电压两种。直流电压通常用 DC 表示，这种电压的方向不随时间变化。通过示波器观察可得，若电压大小和方向都不随时间变化，则称为稳定直流电压，其波形表示为一条与横轴平行的直线。日常所见的干电池和蓄电池提供的就是稳定直流电压。反之若电压值的大小随着时间发生变化，则称为不稳定直流电压。通过示波器观察可得，电压值大小规律变化，

---

① 2018 年 11 月 16 日，第 26 届国际计量大会通过"修订国际单位制"决议，将 1 安培定义为"1s 内通过导体某一横截面的 6.24146×10^{18} 个电子电荷所对应的电流"。而库仑就是通过安培单位导出来的，1 安培的电流一秒内通过的导线横截面的电量即为 1 库仑。

像脉搏跳动一样，因此也常被称为脉动直流电压，脉动直流电压是不稳定电压的一种。

交流电压通常用 AC 表示，这种电压与不稳定直流电压的最大区别是电压的方向每隔一定时间改变一次。例如，国家电网为用户提供的照明用电即为交流电，其每秒电压的方向变化为 50 次，称为 50 赫兹（hz）交流电。

三、电流

物体里电子有秩序地朝一个方向移动就形成了"电流"。在金属中，原子的最外层电子离原子核最远，受原子核的吸引力最弱，因而容易脱离原子而形成"自由电子"。在没有电场力的作用下，金属导体中的电子运动是不规则的，不能形成电流。但如果把金属导体接在电源上，金属导体中的自由电子就会在电场力的作用下朝一个方向流动而形成电流。

电流强度是衡量电流大小的物理量，其用字母 I 表示，电流强度的大小，用"安培"来计量（一库伦每秒等于一安培），简称"安"，用字母 A 表示。

而在照明工作场所，电路的安培数对配电是很重要的，因为电缆、连接器以及其他配电器材容量都必须足够大，以保证承载所需的安培数。如果电缆过细，就会逐步发热，从而引发很多问题，甚至引起火灾。配电系统的每个组件，从发电机到灯泡，都必须有足够承载相应电流（安培）的能力。

四、电阻

又如在水位差的作用下，水流过管子时要受到阻力。管子短些、粗些，阻力就小些；反之亦然。同样，物体内的电子在电压的迫使下有秩序地流动时也会受到阻力，它是原子核对电子的吸引力以及电子与物体中的分子互相碰撞等产生的。这种阻力称为电阻，用字母 R 表示，单位是欧姆，简称"欧"，用符号"Ω"表示。

五、电功率

电流通过一段电路时，电场力对电荷做功，在做功的过程中，电势能转化成其他形式的能量，例如光能和热能。电场在单位时间内所做的功叫作电功率。任意瞬间递送的电功率的总数用瓦来计量，瓦特的英文缩写为 W。电功率等于电路两端的电压和通过电路的电流的乘积。

瓦特是对任意瞬间所做功的数量的计量。它与马力是同样的概念，实际上，746W＝1 马力。字母 P 照惯例是用作一个变量，在方程式中表示瓦数（功率）。然而有时也使用 W。电视照明中多数情况下说到灯的时候，都是以千瓦为单位，缩写为 KW。

单位	描述	字母	单位 \ 简称	关系公式
伏特	电动势 \ 电压	E \ U	V \ 伏	U＝P/I
安培	电流	I	A \ 安	I＝P/U
瓦特	电功率（输出功率）	P \ W	W \ 瓦	P＝UI
欧姆	电阻	R	Ω \ 欧	R＝U/I

六、电路

电路，按照专业的电学理解为电流所流经的路径在电视照明中我们通过硅箱和数字信号放大器来控制演播室灯光。

最简单的电路，是由电源、电器（负载）、导线、开关等元器件组成。电路导通时叫作通路，断开时叫开路。只有通路，电路中才有电流通过。电路某一处断开叫作断路或者开路。如果电路中电源正负极间没有负载而是直接接通叫作短路，这种情况是绝对不允许的。另有一种短路是指某个元件的两端直接接通，此时电流从直接接通处流经而不会经过该元件，这种情况叫作该元件短路。开路（或断路）是允许的，而第一种短路决不允许，因为电源的短路会导致电源烧坏，导致灯具无法正常工作。

第二节　配电电路

在电视照明中我们常见的配电电路有三种基本形式：一是直流；二是单相交流；三是三相交流。现代电视照明中直流电路多数情况下采用电池或电源适配器进行；而单相交流与三相交流就涉及实际工作中发电机或变压器的配接了。

一、相线（火线）、中性线（零线）和地线

交流电由变压器或发电机提供，根据不同的发电机工作原理，其中有一根、两根或三根带电的导线，而这个导线被称为相线（俗称火线 L 或 A \ B \ C）；还会配接出一根中性线（零线 N），用于形成供电回路。每一幢建筑物正常的情况下都要有符合国家技术标准的接地装置，从接地装置拉出来的线就是地线（PE）。

国标 GB50258—96《电气装置安装工程 1KV 及以下配线工程施工及验收规

范条文说明》第3.1.9条规定：当配线采用多相导线时，其相线的颜色应易于区分，相线与中性线（即零线 N）的颜色应不同，同一建筑物、构筑物内的导线，其颜色选择应统一；保护地线（PE 线）应采用黄绿颜色相间的绝缘导线；零线宜采用淡蓝色绝缘导线。

1. 相线（L 或 A \ B \ C）。输送电能的导体，正常情况下不接地。

2. 中性线（零线 N）。与系统中性点相连，并能起输送电能作用的导体。

3. 保护地线（PE）。兼有保护线和中性线作用的导体。

二、三相四线制

通常电力传输是以三相四线的方式，三相电的三根头称为相线，三相电的三根尾连接在一起称中性线 N 也叫"零线"。叫零线的原因是三相平衡时刻中性线中没有电流通过了，再就是它直接或间接地接到大地，电势接近零。地线是把设备或用电器的外壳可靠地连接大地的线路，是防止触电事故的良好方案。相线又称火线，它与零线共同组成供电回路。在低压电网中用三相四线制输送电力，其中有三根相线一根零线。

三相交流电路在生产上应用最为广泛。电能的生产、输送和分配一般都采用三相制交流电路。在用电方面，最常见的负载是交流电动机，一般的交流电动机也是三相的。所谓三相交流电路是指含有三个频率相同、幅值相等、相位互差120°的正弦电动势的电源供电电路。习惯上三相电压常用 A、B、C（或 L_1、L_2、L_3）来表示，分别称为 A 相、B 相、C 相。

而在电视照明实践时由于要配接发电车或变压器，其中变压器输出低压电的三相绕组有如下两种接法：

1. 三角形接法（简称角接法）。这种接法是第一相的尾端和第二相的首端相接，第二相的尾端和第三相的首端相接，第三相的尾端再和第一相的首端相接，这样形成一个"环"。若把三相绕组的每一相看成三角形的一条边，则形成了一个三角形（对于三相对称电源，则为一个等边三角形，在三相电源中，除非另加说明，一般都应理解为三相对称电源），所以被形象地称为三角形接法（简称角接法）。三角形的三个顶点引出三条电源线，我们把这三条电源线叫作三条"相线"，相线俗称"火线"。两条相线间的线电压是相电压值的 $\sqrt{3}$ 倍，通常 AB、BC、AC 之间的有效电压为 380V。

2. 星形接法（简称星接法）。多相电器设备中，对应每相的各绕组，导线或电器设备的一端接到一个公共点上，另外一端接到供电系统相应的导线上，此接法叫星形接法。在三相系统中，此接法又叫"Y"形接法。

联接的方法：将每相的尾端连接在一起，这一点叫作中性点（俗称"零点"）。由中性点引出的电源线叫作中性线（俗称"零线"）。绘制电路图和相量图时，三相绕组向三个方向伸展呈放射状，就像一颗放光的星星，所以被称作星形接法。星形接法根据是否出中线可以有两种出线方式：

一是只将三相绕组的三个首端引出作为三条相线，叫作"三相三线制"；380V 的电压。

二是增加一条中性线，叫作"三相四线制"；低压标准采用 220V，线电压采用 380V。见图 11-2 星形接法。

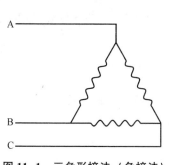

图 11-1　三角形接法（角接法）

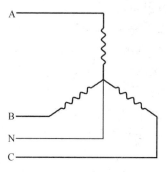

图 11-2　星形接法

三、导线截面积与电流关系的计算

电缆尺寸的表示标称截面积，用平方毫米（mm²）来表示。所谓标称截面积就是以 mm² 作为导线截面的单位，说明不同规格电缆的最大荷载。确定电缆规格有三个原则：

1. 允许电流
2. 线路压降
3. 机械强度

首先，在电线中能够安全流过最大使用电流的同时，电路的允许电流必须大于该电路保护装置的额定电流。

电缆截面积用通俗的话讲，也就是我们常说的电缆多大尺寸。电缆截面积大，流过每条火线的线电流功率就大。电缆尺寸规格直接关系到用电功率的载流量。

电缆计算对照明人员来说是很有意义的。因为照明灯具功率大小不等，所需电缆负荷规格也就不同，若电缆使用不当，轻者电线过热绝缘短路，造成设备损坏。重者还会导致不可挽回的人身伤害。特别是演播室用电和外拍电视剧用的三相四线总电缆，更是慎之又慎。熟知快速计算法，就能妥切地解决这个问题。

计算电缆截面积，首先要记住三个关键数字：

1. 铜电缆每平方毫米的载流量为 5A～8A（安培），电视照明中出于最大安全容量一般使用 5A。

2. 民用电压为 220V（即每 A 承载 220V）。

3. 照明设备最大需要率（需要功率瓦数）。

如：演播室设有 2000W 聚光灯 30 台，1000W 光束灯 20 台，其他设备用电量 5000W。如果有人请你算一算该演播室供电电缆应该如何配置？

解题思路：

① 首先把最大需要功率算出来：2000W×30+（1000W×20+5000W）＝85000W。

② 85000W÷220V＝386（A）

③ 386A÷5A＝78（平方毫米 mm²）

求每相截面积：78mm²÷3（相）＝26mm²

答案：该演播室三相四线制的供电电缆是（满负荷）4（四线等截面）×26mm²。（以上是按举例计算，固定场所应算设备总设计容量）

公式：

85000（W）÷220（W）÷5（A）÷3（相）＝26mm²

四、相电压与线电压

三相电源线电压和相电压、线电流和相电流的定义口诀：

三相电压分相、线，火零为相、火火线。

三相电流分相、线，绕组为相、火线线。

对于三相电源，其输出电压和电流都有相和线之分，分别叫作"相电压""线电压"和"相电流""线电流"。

对于电压，相电压是指火线与零线之间的电压，即口诀中所说的"火零为相"；

提示：火线与零线之间的电压为 220V。

线电压是指火线与火线之间的电压，即口诀中所说的"火火线"。

提示：火线与火线之间的电压为 380V。

五、欧姆定律

在同一电路中，通过某一导体的电流跟这段导体两端的电压成正比，跟这段导体的电阻成反比，这就是欧姆定律。

标准式：$I = \dfrac{U}{R}$

（变形公式：$U = IR$；$R = \dfrac{U}{I}$）

注意：公式中物理量的单位：I：（电流）的单位是安培（A），U：（电压）的单位是伏特（V），R：（电阻）的单位是欧姆（Ω）。

部分电路公式：

$I = \dfrac{U}{R}$，

或

$I = \dfrac{U}{R} = \dfrac{P}{U}$ （I＝U：R）

（由欧姆定律的推导式【$U = IR$；$R = \dfrac{U}{I}$】不能得到：①电压即为电流与电阻之积；②电阻即为电压与电流的比值。所以，这些变形公式仅作计算参考。）

如：演播厅为线电压380V的三相四线制电源，容量为120KVA要安装白炽灯光源，求每相容许的电流是多少？如果用3KW的灯泡每相能安装多少只？（注：KW是有功功率的单位。KVA是视在功率的单位。）

解题思路：①通过星形接法得知单相电压220V；

②按照三相四线制可知，单相容量：120KVA÷3＝40KVA；

③根据欧姆定律：单相电流：40KVA＝40A×1000＝40000A；

40000A÷220V≈181.818A

④3KW的灯泡每相能安装：40KVA÷3KW≈13.33

答：每相允许的电流是181.818A，每相能安装3KW灯泡13支。

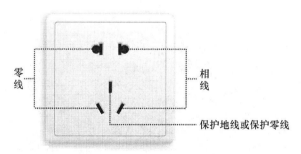

零线

相线

保护地线或保护零线

图11-3 民用220V插座遵循左零线右相线的原则

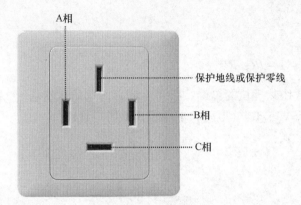

图 11-4　民用 **380V** 插座

图 11-5　工业 **220V** 三插座（常用于演播室及影视灯具）

图 11-6　工业 **220V** 三插头（常用于演播室及影视灯具）

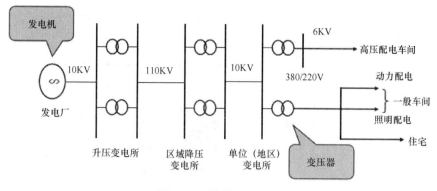

图 11-7 输电网络示意

本节制图、绘图：李纪霖

第三节 常见触电事故

电视照明工作中，由于要控制照明设备，时刻要与电打交道，安全用电就显得至关重要，这是重中之重，这是电视照明创作及整个节目制作的前提保障。

触电是指人体触及带电体后，电流对人体造成的伤害。常见的触电原因有三种：

一是违规冒险。明知不准带电操作，却在毫无保护措施的情况下作业；

二是缺乏电气知识。用湿手按电源开关。当发现有人触电时，不是及时切断电源或用绝缘物迫使触电者脱离电源，而是直接用手拉拽触电者；

三是输电线或用电设备的绝缘层损坏，导致人体无意触碰时发生触电。

触电会产生电击和电伤两种事故类型，电击属于内伤无法在外部看出。形成电击的原因有：

1. 单线电击，在生活中是最常见的，通常指人接触到带电设备或线路中的某一相导体时，电流通过人体流经大地回到中性点。

2. 双线电击，就是人同时接触到两根相线，或者相电压和相电压之间的触电，这种触电一般不常见，但危险性却比单相触电大，电流会在人体中形成回路，人体的触电部位就会像通电电阻丝那样被灼伤。且持续时间长，一旦电流经过人体重要部位将造成重大伤害。

3. 跨步电压电击，就是当人距离高压电线落地点 8~10 米发生的触电事故，电流沿着人的下身，从一只脚到腿、胯部又到另一只脚与大地形成通路，给人一种未近其物先被其电的感觉。

本节绘图：周国平

第四节　安全用电措施

在电视照明工作中每时每刻都会遇到用电问题，了解了电学基础知识，按照规范的用电知识进行操作，这些用电问题都会得到妥善解决。

一、安全电压

国际电工委员会（IEC）规定的接触电压限值（相当于安全电压）为 50V、并规定 25V 以下不需考虑防止电击的安全措施；

我国规定工频对地电压低于 40 伏（或 42V），而 42V 以下的电压值有 36V、24V、12V 和 6V 这四档在不同环境下为对应的安全电压额定值，同时还规定当电器设备采用了超过 24V 时，必须采取防直接接触带电体的保护措施。

1. 喷涂作业或粉尘环境应使用手提照明灯时应采用 36V 或以下安全电压；
2. 电击危险环境中手持和局部照明灯采用 36V 或 24V 安全电压；
3. 金属容器、隧道、潮湿环境中手持照明灯采用 12V 安全电压；
4. 水下作业应采用 6V 安全电压。

二、安全连接电力装置

首先，所有电力连接装置的工作，须由专业技术人员执行操作，做到连接精确，装置稳固。其次，设定电源时，必须同时设有接地装置。因其可将电力加以引导，如遇漏电，也会把伤害程度降至最低。再次，连接电力装置前，一是必须关掉电源；二是对所需电量进行全面评估，避免将过多电力装置接至单一电源上，导致负荷过重而发生意外。当拍摄场地范围较广阔时，如需使用电源延长线，则应把电源插座放在用来摆放灯光装置的理想位置。确保电源延长线并无损坏、破旧，同时要加盖过路板，并做相应处理，使其连接牢固。

三、用电注意事项

1. 连接电路时戴绝缘手套，按照先地后零最后火的顺序接电。同时需要确保火线必须接入开关。这样做可使处于断电状态的电器不带电，既可减少触电事件的发生，又利于维修。

2. 导线和熔丝的合理选择。导线用于供电不可过热，其额定电流应大于实际输电电流。熔丝是起保护作用的，要求电路发生短路时迅速熔断，因此不能选用额定电流大的熔丝来保护小电流电路。

3. 不可手握电线拨取电源插头；不可拨取通电中的照明灯具电源插头，或进行其他装置的线路连接，否则会在电源插头和插座之间产生电弧或电火花，从而造成短路并伤及人体；不可在接触灯架的同时触碰其他金属架，因为二线制的照明灯没有保护措施，一旦灯具漏电，电流会通过人体与金属形成回路，造成严重触电。

4. 对单线触电和双线触电，可使用绝缘物体打落触电点，使人与物安全脱离，如发生跨步电压电击，应该马上抬起一只脚，单脚跳出高压线 20 米外。

5. 一旦发生触电事故，应在第一时间以最快的速度，采取正确方法使触电者脱离电源，然后进行现场紧急救护并及时报告医院。当触电者出现假死状况时，应争分夺秒对其做人工呼吸或胸外挤压进行急救，切不可坐等医生的到来，即使在救护车上也不能中断急救。另外，不能盲目地给触电者注射强心针。

6. 任何电气设备在未知是否通电的情况下，应一律认作有电，不可随意触碰。

7. 不盲目信赖开关或控制装置，只有完全断电才是最安全的。

8. 当缆线遇到断裂、线芯裸露、接头被拆开等情况时，必须及时用绝缘物将其包裹，并放置在人身不易触碰到的地方，以便专业人员及时修复。

9. 无论在任何环境或场地连接电力，必须设有接地装置，以避免产生漏电危险。

★ **本章思考与练习题** ★

1. 电学基本知识包含哪些内容？
2. 如何避免常见的触电事故发生？
3. 安全用电措施有哪些？
4. 电视照明工作者掌握用电常识的意义是什么？

图书在版编目（CIP）数据

电视照明 / 李兴国，田敬改，李伟著．著．--3 版．--
北京：中国广播影视出版社，2020.10
ISBN 978-7-5043-8499-7

Ⅰ．①电… Ⅱ．①李… ②田… ③李… Ⅲ.①电视照
明 Ⅴ．①TB811

中国版本图书馆CIP数据核字（2020）第 171516 号

电视照明（第三版）

李兴国　　田敬改　李伟　著

责任编辑	王丽丹
封面设计	盈丰飞雪
责任校对	张　哲

出版发行	中国广播影视出版社
电　　话	010-86093580　010-86093583
社　　址	北京市西城区真武庙二条 9 号
邮　　编	100045
网　　址	www. crtp. com. cn
电子信箱	crtp8@sina.com

经　　销	全国各地新华书店
印　　刷	河北鑫兆源印刷有限公司

开　　本	787 毫米 × 1092 毫米　1/16
字　　数	260（千）字
印　　张	15
版　　次	2020 年 10 月第 3 版　2020 年 10 月第 1 次印刷

书　　号	ISBN 978-7-5043-8499-7
定　　价	45.00 元